电网工程
BIM技术应用

APPLICATION OF BIM TECHNOLOGY
IN POWER GRID PROJECT

主　编　齐立忠
副主编　武宏波　荣经国　张　苏

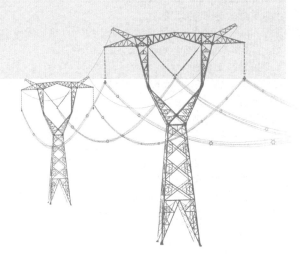

中国电力出版社
CHINA ELECTRIC POWER PRESS

内 容 提 要

　　BIM 技术是实现电网工程数智化建设、运维的基础性技术，对推动电网工程高质量发展至关重要。BIM 技术的发展依赖统一的技术标准及丰富的软件产品，因此本书首先详细介绍了 BIM 标准体系和电网工程 BIM 软件。BIM 技术的应用需要具体的工作场景，要求工作模式随之转变，本书的主要章节据此展开：在设计阶段，实现从单体设计向平台化设计的转变，实现从二维表达到三维可视化的升级；在施工阶段，BIM 技术可支撑电网工程项目精细化管理，同时可促进安装智慧化水平的提升；在运维阶段，BIM 技术的可视化、全息化技术优势也将发挥重要作用。此外，本书对电网工程 BIM 技术应用前景进行了展望，提出了构建良性电网工程 BIM 生态体系等建议。

　　本书内容具有一定的前沿性和权威性，可为电网工程管理者和技术人员提供系统的指导，也可为开展电网工程全寿命周期 BIM 技术研究与应用提供有益参考和借鉴。

图书在版编目（CIP）数据

电网工程 BIM 技术应用 / 齐立忠主编 . —北京：中国电力出版社，2024.3（2024.6重印）
ISBN 978-7-5198-8664-6

Ⅰ.①电… Ⅱ.①齐… Ⅲ.①电网—电力工程—计算机辅助设计—应用软件 Ⅳ.① TM7-39

中国国家版本馆 CIP 数据核字（2024）第 060455 号

出版发行：中国电力出版社
地　　　址：北京市东城区北京站西街 19 号（邮政编码 100005）
网　　　址：http://www.cepp.sgcc.com.cn
策划编辑：王春娟
责任编辑：刘子婷（010-63412785）
责任校对：黄　蓓　王海南
装帧设计：郝晓燕
责任印制：石　雷

印　　刷：北京九天鸿程印刷有限责任公司
版　　次：2024 年 3 月第一版
印　　次：2024 年 6 月北京第三次印刷
开　　本：787 毫米 ×1092 毫米　16 开本
印　　张：16
字　　数：311 千字
定　　价：98.00 元

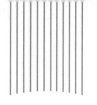

编委会

编审委员会

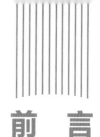

前　言

　　BIM 技术的出现是工程领域数字化技术发展的重要里程碑。以 2002 年 Autodesk（欧特克）公司发布 BIM 白皮书为标志，BIM 的概念日渐丰满，BIM 标准持续完善并在各行业逐步细化，BIM 技术应用也从工程设计推广到全寿命周期，并与物联网（Internet of Things，IoT）、人工智能（Artificial Intelligence，AI）等技术深度融合，促进了多个领域业务流程的变革和创新。

　　BIM 技术在电网建设方面具有明显的技术优势。特别是在复杂工程项目中应用 BIM 技术优势更加凸显。一是可视化的优势，在工程设计阶段，BIM 使用三维模型替代二维图纸进行表达，专业的资料交互、空间碰撞的校核、复杂工艺施工的模拟、项目的评审以及动态运行场景等都可以直观地展现，降低了对于工程信息认知的维度，克服了二维表达的局限性，大幅减少了设计变更，提高建设安装质量。二是全息化的优势，BIM 以模型为载体，在建设阶段可以附加工程图纸、设备信息、安装测试信息，在运维阶段可以附加设备监控信息，从建设阶段的"同生共长"到运维阶段的"数字孪生"，全息化的模型充分凸显了全息化的优势。三是全寿命周期应用的优势，BIM 可以实现"一个模型用到底"，针对各阶段不同的需求，采用模型分类分级的方法，把设备模型从外观到细部逐步细化，从可研阶段的多方案比选、设计阶段的方案优化、到项目的综合评审、施工阶段的数字化安装、竣工阶段的数字化移交、运行阶段的数字孪生构建，BIM 技术提供了一条技术主线，更好地促进项目建设者、管理者和使用者之间的信息共享和沟通，实现项目全寿命周期综合管控。

　　国家电网有限公司深入贯彻网络强国、数字中国战略，准确把握能源革命和数字革命融合发展趋势，提出建设数智化坚强电网的宏大目标。BIM 技术作为工程数字化的重要技术手段，将在电网数智化转型中发挥重要的支撑和推动作用。

　　BIM 技术是构建数字化智能化电网的关键技术支撑。未来电网的基本形态是"GIS+BIM+IoT+ 数据智能分析"，一方面基于工程三维模型利用物联网和现代通信技术，实现物理电网在虚拟世界的全息数字化映射；另一方面利用大数据、云计算、区块链、边缘计算及人工智能新技术，实现对物理电网的精准管控和高效运营。其本质是以数字技术为传统电网赋能，通过充分应用"大云物移智链"等现代信息技术、先进通信技术，不断提升电网的感知能力、互动水平、运行效率，实现电网各环节状态信息的自动获取、高效处理和智能灵活应用，加快电网建设运营的数智化转型，服务数字中国建设。

BIM 技术的深化应用是一个系统性工作，既需要观念的更新，也有赖于基础软件、技术标准、工作模式、体制机制等方面的全方位升级和系统化推进。国网经济技术研究院有限公司组织相关研究机构和设计单位，对电网工程 BIM 技术及应用进行了全面的总结梳理和提炼。第一章讲述了 BIM 的发展历程和应用优势，第二章介绍了国内外 BIM 标准体系，第三章介绍了主流 BIM 平台和软件，第四章介绍了设计阶段的 BIM 应用和创新，第五章介绍了基于 BIM 的施工管理和智慧安装，第六章介绍了 BIM 数字化成果的交付要求和电网工程大数据统一归集管理，第七章介绍了电网工程 BIM 发展趋势与展望。

本书编者具有从事电网工程实践的丰富经验，在 BIM 技术的科研和技术应用方面取得了丰硕的成果，保证了内容的前沿性和权威性，可供电力规划设计人员、电网企业管理者、电网施工技术人员、电力设备管理人员以及高校师生参考借鉴。未来电网工程的建设形态将是可视化、平台化的快速方案优选，工厂化预制和现场数字化安装建设，可视化、无人化运行新模态，希望本书能为电网工程 BIM 技术应用和推广提供借鉴，推动电网工程建设技术的持续进步。

编　者

2024 年 3 月

目　录

第一章

BIM 技术概述

BIM（建筑信息模型，Building Information Modeling）技术的发展，始终以提升项目全寿命周期各阶段的应用价值为主线。在设计阶段，推动设计技术由二维设计向三维设计转型，发挥 BIM 可视化优势，大幅度减少了设计阶段的错、漏、碰等问题，实现了多专业协同设计，提升设计质量；在施工阶段，利用 BIM 技术和设计成果开展施工深化设计，推动复杂工艺的模拟安装和数字化控制，大大提高了一次安装成功率和安装精度，推动施工技术向工厂化预制和智慧化组装方向发展；在项目运维阶段，利用 BIM 技术实现三维模型和运行监测数据的融合，建设包含各阶段信息的数字孪生体，实现远程运行、三维可视化运行模式的转变，结合大数据技术、AI 技术和 IoT 技术，推动项目运维的无人化、数字化和智能化。

本章回顾 BIM 技术的发展历程、梳理重点行业领域 BIM 技术应用情况，系统阐述 BIM 技术在可视化、全息化及协同共享方面的技术特点和应用价值，在系统介绍 BIM 技术应用发展的基础上，全面阐述 BIM 技术的价值，以期推动 BIM 技术的体系化、规范化应用。

第一节　BIM 技术的发展及应用

BIM 的概念起源于 20 世纪 70 年代，在近 20 年受到广泛关注，并得以快速发展。BIM 并非简单地将三维模型进行集成，而是一种对全息数字信息进行管理和应用的技术和理念。随着内涵的不断丰富、技术的不断发展，BIM 技术应用的广度和深度也在不断延拓，其在推动工程项目数字化转型中的强大力量和巨大价值得到各行业的广泛认可。在中国，电网工程领域 BIM 技术应用逐步兴起，已编制形成了一套标准体系，开展了一系列工程应用，产生了一批优秀的最佳实践案例。BIM 已逐步成为电网工程建设的一条主线，串联三维设计、可视化施工管理、三维智慧安装、数字化成果交付等各个方面，进而为全息化、智能化运维奠定基础。

一、BIM 的基本概念

1. 萌芽阶段

1975 年，"BIM 之父"查克·伊斯曼（Chuck Eastman）教授最早提出"建筑描述系统（Building Description System）"的概念，将一个建筑物或构筑物在其全寿命周期中所有几何信息和其在施工过程中的非几何信息整合成为一个建筑物模型，这就是 BIM 最原始的理论基础。1992 年，范·尼德文（Van Nederveen）和托尔曼（Tolman）教授在学术论文中首次使用"BIM"一词，提出项目参与者整合各层面、各视角信息，以满足各专业和各功能提取信息的需要，为 BIM 技术的发展奠定了基础。

2. 发展阶段

2002 年，Autodesk 公司发布 BIM 白皮书，定义 BIM 是一种用于设计、施工、管理的方法，可以及时并持久地获得高质量、可靠性好、集成度高、协作充分的项目信息。杰里·莱瑟林（Jerry Laiserin）教授发表《比较苹果与橙子》，对"Building Information Modeling"中的每个词都进行了描述，促成了学术界对 BIM 概念的统一认识。自此，国内外许多专家和组织机构都开始尝试对 BIM 进行定义。其中，美国国家建筑科学研究院（National Institute of Building Sciences，NIBS）发布的美国《国家 BIM 标准（第一版　第一部分）》（National Building Information Modeling Standard，NBIMS）中的定义最具代表性。NBIMS 对 BIM 的内涵和应用范围进行了明确定义，认为 BIM 技术是一种理念、方法和工具，其定义可以被简练地概括为面向基础设施全寿命周期，通过建立包括几何和非几何信息的信息模型，并不断完善，实现各阶段、项目各角色间的信息共享与互用，从而减少非增值性工作和浪费。

3. 深化阶段

经过近些年的探索和发展，BIM 技术已经由最初的局部尝试发展到项目全寿命周期应用，由建筑领域拓展至电网、铁路、水利等各个行业，并结合工程实践不断深化。

本书认为，BIM 技术定位于工程全寿命周期应用，融合对象的几何模型、设备参数、数据对应关系等要素形成可视化、全息化模型。以 BIM 在项目中发挥应用价值为主线，以统一的技术标准体系为指导，以软件平台实现各环节业务功能为工具，以推动设计、施工和运维模式的转型为实现方式，推动项目高质量建设和运维。BIM 技术既是一种数字化模型构建技术，也是一套用于生产、沟通和分析项目模型的综合管理新模式，这种方式促使各参与方能够全过程协同参与，实现业务流程的优化和改进，确保项目在物理空间和数字空间的同步发展，最大程度地实现数据共享共用，减少各阶段的割裂和重复工作。

二、BIM 技术的发展历程

BIM 技术的发展历程包含组织、政策、标准、软件等关键要素，反映了各国对这一技术的不断探索、创新和应用。相关组织在 BIM 技术发展历程中起到了主导作用。政策的制定和推广，为 BIM 生态体系的发展构建了框架。各类政府机构和组织也陆续制定了一系列标准，为 BIM 技术的发展奠定了基础。同时，大量的应用软件作为工具，为 BIM 技术的实现提供了支持。BIM 技术的发展历程如图 1-1 所示。

（一）国际发展历程

BIM 技术作为工程建造、城市建设与管理相关的核心技术，已在多个领域中得到广泛应用并不断发展，包括建筑、交通、水利、电力等，其重要性不容忽视。无论是在设计、施工阶段，还是在管理阶段，BIM 技术都能提供更为高效、精确和可靠的手段。

BIM 技术已引起世界各国政府、各行业，特别是软件企业的高度关注。加拿大和美国等国家 BIM 技术应用最为广泛，英国、挪威、芬兰等欧洲国家，以及新加坡、日本、韩国等亚洲国家 BIM 技术应用水平也相当高。BIM 技术在国际上的发展历程体现在组织、政策推广、标准、软件等多个方面。

1. 组织

国际上有许多致力于推动 BIM 技术发展和应用的组织。

1995 年，国际协同联盟（International Alliance for Interoperability，IAI）成立，2005 年更名为建筑智慧国际联盟（buildingSMART International，buildingSMART）。buildingSMART 是一个国际化组织，致力于促进全球 BIM 标准和互操作性的发展。buildingSMART 通过建立开放的标准和数据模型，推动不同软件和系统之间的信息交换和集成。

2007 年，建筑智慧联盟（buildingSMART Alliance，bSA）成立，它是美国国家建筑科学研究院下属的组织，专注于推动 BIM 技术在美国的应用和发展。建筑智慧联盟通过制定 BIM 标准、举办研讨会和培训活动等方式促进 BIM 技术的应用和推广。

2011 年，英国政府设立 BIM 工作组（BIM Task Group），致力于推动 BIM 技术在英国建筑行业的广泛应用。BIM 工作组通过制定 BIM 标准和指导文件、提供培训和咨询等，推动英国建筑行业的数字化转型。2017 年，BIM 工作组被英国数字建筑中心（Centre for Digital Built Britain）取代。

2021 年，亚洲 BIM 协作组织（Asia BIM Collaboration Group，ABC）成立。ABC 是由印度 BIM 协会、香港建筑资产与环境信息管理协会联盟暨 buildingSMART 国际香港分会、buildingSMART 新加坡分会、台湾 BIM 联盟、泰国 BIM 协会等组织

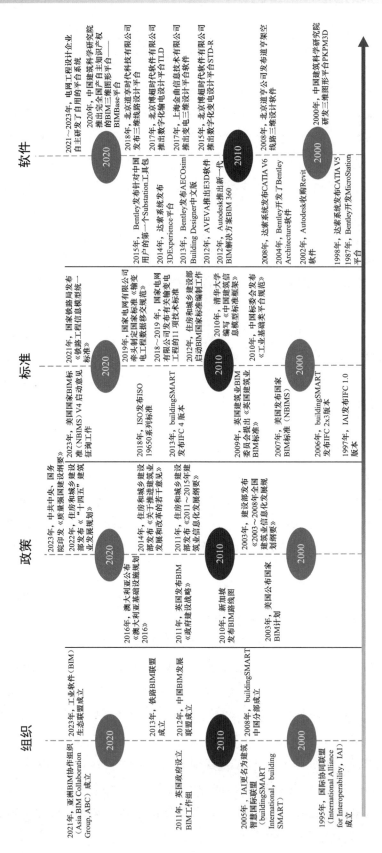

图 1-1　BIM 技术的发展历程

联合创立。该组织通过合作和信息交流，致力于在亚洲国家（地区）增强建筑和基础设施行业数字交付转型的能力，促进数字生态系统的增长和发展。

2. 政策推广

各国政府通过制定政策和指导文件鼓励和推动 BIM 技术的应用，为建筑行业的数字化转型和创新创造了良好的环境和条件。

美国是首批应用 BIM 技术的国家之一，早在 2003 年，美国总务管理局（U.S. General Services Administration，GSA）就公布了国家 3D-4D-BIM 计划。GSA 要求，从 2007 年起所有招标级别大型项目都需要应用 BIM 技术。

2010 年，新加坡建筑管理署（Building and Construction Authority，BCA）发布 BIM 路线图（BCA's Building Information Modelling Roadmap），并提出在 2015 年前实现所有建筑面积大于 $5000m^2$ 的项目都必须提交 BIM 模型的目标。此外，新加坡的一系列政策致力于推动整个建筑业广泛使用 BIM 技术，为建筑行业转型发展提供了明确的方向，促进了数字化进程，成为全球 BIM 技术应用的一个典范。

2011 年，英国政府发表了推动 BIM 技术发展和应用的政策白皮书《政府建设战略》，要求在 2016 年所有政府投资项目强制遵守 BIM Level 2。英国将 BIM 成熟度分成从 Level 0 ～ Level 3 四个等级，Level 2 指的是以 3D BIM 技术达成协同合作的应用阶段。同一时期，澳大利亚也发布了《澳大利亚政府建筑信息模型要求》，要求在政府资助的建筑项目中使用 BIM 技术。

2016 年，澳大利亚基础设施建设局（Infrastructure Australia）正式公布了《澳大利亚基础设施规划 2016》。规划建议，政府应该强制要求在大型复杂基础设施项目的设计阶段使用 BIM 技术。

3. 标准

国际上已经逐渐建立起一系列的 BIM 标准，促进了行业间、软件间的数据共享和信息交流。标准化的 BIM 数据共享和信息交流提高了协作效率、准确性和一致性，推动了建筑行业的数字化转型和创新发展。在 BIM 标准的制定过程中，国际标准化组织（International Organization for Standardization，ISO）和 buildingSMART 等组织发挥了重要作用。

1997 年，IAI 发布了里程碑式的工业基础类标准（Industry Foundation Classes，IFC）1.0 版，用于定义建筑相关数据的描述和继承关系，促进了建筑信息的交流和共享。后经过多轮修订，2005 年，IFC 2x 被国际标准化组织采纳并认定为国际标准 ISO/PAS 16739:2005。

2006 年，buildingSMART 发布 IFC 2x3 版本，该版本被各 BIM 软件广泛采用。2013 年，buildingSMART 发布了 IFC 4，相较于之前的版本引入了改进的几何表示法、地理定位支持以及更多元素类别。

2007年，美国发布NBIMS，为美国BIM技术发展打好基础，推动了美国BIM技术应用的进一步发展。2023年底，NBIMS第四版开始进行意见征询。该版本目标是通过一系列标准和指南，支持在建筑和基础设施项目中实施BIM技术。

2010年开始，英国建筑业BIM委员会[AEC (UK) BIM Committee]陆续发布了基于Revit、Bentley、ArchiCAD等不同软件平台的实施标准，例如AEC (UK) BIM Standard For Autodesk Revit。

ISO/TC59建筑和土木工程技术委员的SC13分会主要负责建筑及土木工程资讯的组织及数字化。2018年，ISO/TC59/SC13分会正式发布ISO 19650系列标准。它是一整套关于在建筑全寿命周期中运用BIM技术进行信息管理的国际标准族，整套标准共有概念及准则、设计及施工、资产管控、信息交换、保障条例、健康及安全6个部分。ISO 19650系列标准对于各行业建立BIM管理体系和管理流程具有重要指导作用。

4. 软件

BIM软件是保证BIM技术应用不可缺少的工具，支撑并促进了BIM技术的发展。BIM软件领域的主流公司包括Dassault Systemes（达索系统）、Autodesk（欧特克）及Bentley（奔特利）等，这些公司持续推动着BIM软件的发展和创新，研发的BIM软件具有广泛的影响力。

1977年，世界上第一个三维工厂设计系统——工厂三维布置设计管理系统（Plant Design Management System，PDMS）由AVEVA剑维软件发布。自发布以来，PDMS便广泛应用于石油、化工、电力和发电厂等工程项目的设计阶段。2012年，AVEVA推出E3D软件。与PDMS相比，E3D在结构建模、电缆敷设、激光扫描、平面出图等方面进行了优化。

1981年，达索系统公司成立。1982年开始，达索系统公司旗下的CAD/CAE/CAM一体化软件CATIA开始不断迭代版本，并广泛应用于航空航天、汽车制造、船舶制造、机械制造、电子/电器领域。1988年，CATIA V4发布，主要用于2D绘图和基本的3D建模，初期的功能较为有限。1998年，CATIA V5发布并升级了更多新功能，包括参数化建模、复杂曲面建模、装配设计、仿真分析等。2008年，CATIA V6版本发布，进一步增强了协同性RFLP方案及多专业系统建模和仿真功能。2014年，达索系统公司推出3DExperience（3DE）平台，该平台可以提供协作交互环境中，基于3D设计、分析、仿真等软件的工业解决方案，包括达索旗下SOLIDWORKS、SIMULIA、DELMIA和ENOVIA等多种应用的打通。

1982年，Autodesk公司成立，并于次年发布AutoCAD 1.2版本。1996年，Autodesk公司发布了首个功能完备的3D建模软件Mechanical Desktop，迅速成为最畅销的 3D CAD 软件之一。2002 年，Autodesk 公司收购了 3D 建模软件公司 Revit Technology，后来又陆续收购了一系列软件，拓展了其 BIM 产品，开启了真正的 BIM 之路。其中，2007 年，Autodesk 收购 Navisworks 软件，这是一款针对建筑、工厂及航运业中的项目寿命周期的 3D/4D 协助设计检查软件。2012 年，Autodesk 宣布推出新一代 BIM 解决方案 Autodesk BIM 360，将 BIM 流程引入云端。该云服务通过智能数据集成、自动化分析和混合现实方式，提供强大的数据可视化、预览与设计审查功能。

1984 年，Bentley 公司成立。1987 年，Bentley 公司开发完成 MicroStation 图形平台。基于 MicroStation 强大的三维处理能力，Bentley 公司针对不同行业开发了一系列软件。2004 年，Bentley 公司开发了一款 Bentley Architecture 软件，该软件也是 AECOsim Building Designer（ABD）的前身。ABD 将建筑、结构、建筑设备、建筑电气四个主要产品合并，且内置了 MicroStation 平台，后续广泛运用于复杂且施工规模较大的基础项目建设中。在 2013 年，Bentley 公司发布 AECOsim Building Designer 中文版。

随着 BIM 技术的快速发展，各大软件开发商也在不断改进和创新，不断推出更高级、功能更强大的 BIM 软件，以满足不同项目需求和用户需求。

（二）国内发展历程

国内对 BIM 技术的研究与应用起步较晚，近年来逐渐取得了突破性进展。BIM 技术在国内的发展历程可以从组织、政策推广、标准和软件等方面展开。

1. 组织

随着 BIM 技术在国内的发展，一系列专门研究和推广 BIM 技术的科研机构、行业协会应运而生。

2008 年，我国正式加入 buildingSMART 组织，并成立了 buildingSMART 中国分部。

2012 年，中国建筑科学研究院有限公司、上海市建筑科学研究院（集团）有限公司、中建三局第一建设工程有限责任公司等 14 家常务理事单位成立了中国 BIM 发展联盟。联盟在 BIM 标准的建立及中国 BIM 软件研发中做出了较大的贡献。2013 年，中国 BIM 发展联盟由科技部确定为第三批国家产业技术创新战略试点联盟，即现在的"国家建筑信息模型（BIM）产业技术创新战略联盟"。

2013 年，中国铁路总公司成立铁路 BIM 联盟，开展铁路行业 BIM 技术研究和应用。该联盟由中国铁路总公司、中国铁道科学研究院、中铁四局集团有限公司和中建交通建设集团有限公司等 8 家单位共同发起成立。铁路 BIM 联盟已加入 buildingSMART 组织。

2019 年 10 月，buildingSMART 国际峰会暨中国建设数字大会在北京举办，这是 buildingSMART 组织首次在我国举办技术峰会。

2023 年,工业软件(BIM)生态联盟成立,由中国建筑科学研究院有限公司、国网经济技术研究院有限公司、中国交通建设集团有限公司、中国铁路工程集团有限公司、北京建工集团有限责任公司 5 家单位共同发起。该联盟以政产学研用深度融合技术创新体系为支撑,带动产业链上下游企业整体协同,共享创新发展成果,构建互利、共赢、融合、发展的 BIM 全产业链生态。

此外,清华大学建筑设计研究院、同济大学 BIM 研究中心、中国建筑学会 BIM 应用委员会等组织也持续致力于 BIM 技术在建筑行业的研究和应用。

2. 政策推广

2003 年 11 月,建设部科学技术司发布《2003 ～ 2008 年全国建筑业信息化发展规划纲要》,强调加快工程设计集成化系统的建设与应用,推动信息化标准建设,促进形成了一批信息技术应用达到国际先进水平的建筑企业。

2011 年,住房和城乡建设部在《2011 ～ 2015 年建筑业信息化发展纲要》中提出,"十二五"期间,基本实现建筑企业信息系统的普及应用,首次将"加快建筑信息模型(BIM)、基于网络的协同工作等新技术在工程中的应用"列入总体目标。

2014 年 7 月,住房和城乡建设部发布《关于推进建筑业发展和改革的若干意见》,提出推进 BIM 等信息技术在工程设计、施工和运行维护全过程的应用,提高综合效益。

2019 年,交通运输部印发《数字交通发展规划纲要》,为数字交通领域的未来发展指明了方向,要求推动交通运输基础设施规划、设计、建造、养护、运行管理等全要素、全寿命周期数字化。

2020 年 7 月,住房和城乡建设部等 13 部门印发《关于推动智能建造与建筑工业化协同发展的指导意见》。同年 8 月,住房和城乡建设部等 9 部门印发《关于加快新型建筑工业化发展的若干意见》。相关政策的高频发布标志着以 BIM 为代表的建筑业信息技术正迅速蓬勃发展。

2022 年 1 月,住房和城乡建设部在《"十四五"建筑业发展规划》中提出"加快智能建造与新型建筑工业化协同发展"主要任务,要求加快推进建筑信息模型(BIM)技术在工程全寿命期的集成应用,健全数据交互和安全标准,强化设计、生产、施工各环节数字化协同,推动工程建设全过程数字化成果交付和应用。

2022 年 10 月,习近平总书记在党的二十大报告中要求加快建设网络强国、数字中国,给基础设施领域的数字化转型指明了方向。

2023 年 2 月,中共中央、国务院印发《质量强国建设纲要》,强调打造中国建造升级版,要求加快 BIM 等数字化技术研发和集成应用。同月又印发《数字中国建设整体布局规划》,要求在能源等重点领域加快数字技术创新应用。

随着新型工业化、中国式现代化的全面推进，以 BIM 为代表的数字化技术将持续推动电网工程及建筑领域的数字化转型，为质量强国、数字中国建设提供坚实动力。

3. 标准

国内 BIM 技术的发展历程中，标准的引入与制定起到了重要的推动作用。国内一系列 BIM 标准规范了 BIM 数据模型定义、信息管理流程和技术应用要求，为 BIM 技术的推广和应用提供了指导和支持。

1998 年，中国建筑行业研究人员开始研究 IFC 标准。2000 年，IAI 与中国政府部门和科研组织建立联系，中国开始全面了解并研究 IFC 标准应用。

2002 年，建设部科学技术司主办，中国建筑科学研究院承办了"IAI 标准学术研讨会"，针对 IFC 标准也展开了一些研究性工作。

2005 年，国家"十五"科技攻关计划"建筑业信息化关键技术研究"设立了"基于国际标准 IFC 的建筑设计及施工管理系统研究"课题，项目组进一步对 IFC 标准进行深入研究，为我国应用该标准打下基础。

2010 年，中国国家标准化管理委员会发布 GB/T 25507—2010《工业基础类平台规范》。该标准等同采用 ISO/PAS 16739:2005《工业基础类平台规范》，并在技术内容上与 ISO/PAS 16739 保持一致，为后续的标准制定提供了参考。同年，清华大学 BIM 课题组编写了《中国建筑信息模型标准框架研究》，提出了中国建筑信息模型标准框架（China Building Information Model Standards，CBIMS）。

2012 年，住房和城乡建设部启动 BIM 国家标准编制工作。BIM 国家标准包括 3 个层面的标准：①基础标准，包括 GB/T 51212—2016《建筑信息模型应用统一标准》；②数据标准，包括 GB/T 51447—2021《建筑信息模型存储标准》和 GB/T 51269—2017《建筑信息模型分类和编码标准》；③执行标准，包括 GB/T 51301—2018《建筑信息模型设计交付标准》、GB/T 51235—2017《建筑信息模型施工应用标准》和 GB/T 51362—2019《制造工业工程设计信息模型应用标准》。标准的编制团队包括科研机构、高校及工程建设领域的代表企业。该批国家标准的出台，为建筑工程全寿命周期的信息存储、传递和应用，为模型数据的存储、交付、分类和编码，提供了统一的规范。

2016 年，铁路 BIM 联盟发布 T/CRBIM 003—2015《铁路工程信息模型数据存储标准》，被 buildingSMART 组织采纳为公开规范（buildingSMART SPEC）。

2018 年，国家电网有限公司发布《关于全面应用输变电工程及建设工程数据中心的意见》（国家电网基建〔2018〕585 号），要求新建 35kV 及以上输变电工程全面开展三维设计。为确保三维设计工作标准化推进，2018 年 11 月，国家电网有限公司发布《输变电工程三维设计技术导则 第 1 部分：变电站（换流站）》。2019 年 2 月，国家电网有限公司继续发布了《输变电工程三维设计模型交互规范》《输变电工程三维设计软件基本功能规范》等 10 项技术标准。2018 ～ 2019 年国家电网有限公司发布有关输变电工程的 11 项技术标准如表 1-1 所示。

表 1-1　2018 ～ 2019 年国家电网有限公司发布有关输变电工程的 11 项技术标准

序号	标准号	标准名称	发布时间
1	Q/GDW 11798.1—2017	《输变电工程三维设计技术导则　第1部分：变电站（换流站）》	2018 年 11 月
2	Q/GDW 11798.2—2018	《输变电工程三维设计技术导则　第2部分：架空输电线路》	2019 年 2 月
3	Q/GDW 11798.3—2018	《输变电工程三维设计技术导则　第3部分：电缆线路》	2019 年 2 月
4	Q/GDW 11809—2018	《输变电工程三维设计模型交互规范》	2019 年 2 月
5	Q/GDW 11810.1—2018	《输变电工程三维设计建模规范　第1部分：变电站（换流站）》	2019 年 2 月
6	Q/GDW 11810.2—2018	《输变电工程三维设计建模规范　第2部分：架空输电线路》	2019 年 2 月
7	Q/GDW 11810.3—2018	《输变电工程三维设计建模规范　第3部分：电缆线路》	2019 年 2 月
8	Q/GDW 11811—2018	《输变电工程三维设计软件基本功能规范》	2019 年 2 月
9	Q/GDW 11812.1—2018	《输变电工程数字化移交技术导则　第1部分：变电站（换流站）》	2019 年 2 月
10	Q/GDW 11812.2—2018	《输变电工程数字化移交技术导则　第2部分：架空线路》	2019 年 2 月
11	Q/GDW 11812.3—2018	《输变电工程数字化移交技术导则　第3部分：电缆线路》	2019 年 2 月

2019 年 12 月，由国家电网有限公司牵头制定的 GB/T 38436—2019《输变电工程数据移交规范》，规范了数据移交方法，促进了输变电工程在数据移交过程中达成共识，填补了国家标准在输变电工程数据移交方面的空白。

2021 年 6 月，国家铁路局发布我国首部铁路行业 BIM 标准 TB/T 10183—2021《铁路工程信息模型统一标准》，为 BIM 技术在铁路工程中的应用提供了明确的指导和规范。

除了国家标准，各省市也针对 BIM 技术应用出台了相关的标准，国内许多企业也制定了企业内的 BIM 技术实施导则。这些标准、规范、导则，共同构成了中国 BIM 标准序列，指导中国 BIM 技术科学、合理、规范地发展。

4. 软件

20 世纪 90 年代开始，在国家"甩图板"工程的推动下，我国计算机辅助设计（Computer Aided Design，CAD）软件的研发与应用取得了很大进步。众多国产 CAD 软件企业推出了一系列软件产品，推动了国产数字化设计的发展。

2000 年，中国建筑科学研究院研发了三维图形平台 PKPM3D，基于该平台推出了园林、规划、装修、土方、古建设计等一系列软件。

2003 年，Bentely 公司成立大中国区，并于 2015 年发布针对中国用户的第一个

Bentley Substation 工具包。

2008年，北京道亨公司发布国内首款架空线路三维设计软件。软件涵盖线路全业务的设计功能，满足可研、初步设计、施工图设计、竣工图设计不同阶段的设计深度要求。

2015年，北京博超时代软件有限公司推出数字化变电设计平台STD-R，在2018年与电网GIM标准同步，全面升级为基本图元建模，并融合结构、总图专业设计成果，使变电多专业在同一工作空间协同设计，功能全面覆盖35～1000kV变电工程全阶段设计。

2017年，上海金曲信息技术有限公司推出变电三维设计平台软件，满足国家电网有限公司三维设计系列标准（GIM）的要求，可支撑35kV及以上变电站工程在可研、初设、施工图、竣工图设计和数字化移交等各个阶段的需求。

同年，北京博超时代软件有限公司推出数字化输电设计平台TLD，可高效加载高精度地理信息数据，实现复杂线路设计、架空与电缆一体化设计、精细化设计、空间三维校验等专项设计。

2018年，北京道亨时代科技有限公司发布三维线路设计平台，涵盖勘测数据处理、方案规划、通道清理、杆塔定位、电气校验、结构设计等，满足工程各阶段的设计及数字化移交的应用要求。

2020年，中国建筑科学研究院推出完全自主知识产权的BIM三维图形平台——BIMBase，并基于BIMBase开发完成了二十多款商品化国产BIM软件，在国内企业和工程项目中得到应用。

电网工程设计企业也顺应BIM技术应用趋势，抓住BIM技术价值，自主研发了自用的平台系统，发挥基于BIM技术多专业协同的优势，实现集设计和管理于一体的综合性协同设计，促进了设计进步。例如，中国电力工程顾问集团西南电力设计院有限公司（简称西南院）推出了送电线路一体化设计系统；中国电力工程顾问集团华东电力设计院有限公司（简称华东院）研发了基于国产自主知识产权三维图形平台BIMBase的变电三维设计软件；中国电力工程顾问集团中南电力设计院有限公司（简称中南院）与上海欣电软件有限公司合作开发了中南院变电数字化设计平台等。

这些企业在各自的领域内，通过不断创新和优化，推动了BIM技术的应用和发展，为行业的数字化转型做出了重要贡献。

三、BIM技术应用情况

（一）建筑行业

随着《2011～2015年建筑业信息化发展纲要》发布，各地也相继出台了一系列政策措施，推动了以 BIM 技术为核心的智能建造的发展，加速了中国建筑行业的数字化转型，促进了建筑领域的可持续发展。在政策指导下，BIM 技术广泛应用于国内重大工程项目，在设计质量控制、全专业协同应用、智能审图等方面都展现出卓越的价值，取得了显著的效果。例如，广为人知的广州国际金融中心（广州塔）、北京中信大厦（中国尊）、国家体育场（鸟巢）和国家游泳中心（水立方）、上海世博会中国馆等重大工程项目均应用了 BIM 技术。

1. BIMBase 平台赋能数字绿色化改造设计：融通中心

融通中心位于云南省昆明市，总建筑面积 58155m^2，建筑高度 104.5m。在该项目中，项目团队创新性地提出"五套模型"BIM 技术应用体系，通过原状环境模型、原状结构模型、结构优化模型、全专业低碳优化模型和数字孪生管理模型，以 BIMBase 平台为基础，结合 PKPM-BIM、PKPM 绿建节能系列软件、Fuzor、Unreal 等软件，成功实现了低碳数字化改造，使经历 25 年风雨的融通中心大楼焕然一新。该项目的 BIM 技术应用路线涵盖的五大亮点如图 1-2 所示。

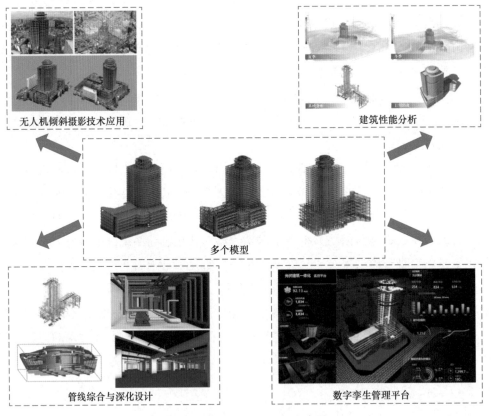

无人机倾斜摄影技术应用　　建筑性能分析

多个模型

管线综合与深化设计　　数字孪生管理平台

图 1-2　融通中心 BIM 技术应用

（1）项目团队结合无人机倾斜摄影技术，生成原状三维建筑信息模型，解决了项目设计较早、图纸均为手绘的问题。

（2）通过对建筑主体结构安全性、可靠性的全面检测，形成三维原状结构模型，并通过数字技术模拟和优化实现最佳加固组合方案。

（3）利用 PKPM-BIM 软件进行管线综合与机电深化设计，克服传统二维设计的局限性，确保空间舒适度。

（4）通过 BIM 模型进行建筑性能分析，包括风环境模拟、气候响应设计、被动式节能技术，提高了建筑整体热工性能和固碳能力，实现了"一模多用"的目标。

（5）项目利用数字孪生管理平台，加载全套运维阶段设计数据和优化方案，通过实时监控建筑能耗、光伏发电、室内外温度、结构形变等数据，实现了智能照明、环境监测和可视化管理。

据统计，BIM 技术的应用为该项目的低碳数字化改造带来了显著的成效。能耗方面，项目的热工性能提升了 40% 以上，建筑本体节能率为 53.89%，可再生能源利用率为 3.41%。在碳排量方面，改造后建筑的年碳排放量显著减少，全寿命周期碳排放量减少超过 40%，相当于植树造林 175hm^2 的固碳量。

2. 基于 BIM 技术的智能审图：广州塔

广州塔是广州的标志性建筑之一，其建设过程中采用了 BIM 报审平台进行项目审批和管理。BIM 审查工作流程如图 1-3 所示。通过 BIM 报审平台，设计单位将详细的 BIM 模型和数据提交给审批机构进行审批。这些模型和数据包含了广州塔结构、幕墙、设备、机电等各个方面的信息，以及相关的施工图、材料、构件属性等数据。审批机构通过 BIM 报审平台对这些模型和数据进行全面的审核和验证，确保了设计的准确性和合规性。同时，审批机构还可以在 BIM 模型中进行标记和注释，指出需要修改或调整的地方。

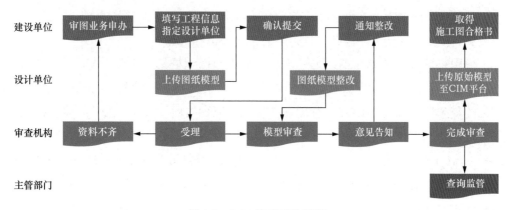

图 1-3　BIM 审查工作流程

广州塔所采用的 BIM 报审平台，通过对建筑、结构等专业，对消防、人防、节能等专项的相关标准条文进行筛选、拆解及计算机语言转译，实现了对条文的计算机辅助审查，支持自动生成审查报告，提升了审查效率和审查质量。

BIM 报审平台实现了广州塔施工过程中的信息共享和高效协作，提高了项目审批的速度和质量。

（二）交通行业

随着《数字交通发展规划纲要》的发布，交通领域开始了 BIM 设计在隧道、桥梁、路基等方面的技术探索，铁路、机场、公路等重大交通基础设施的 BIM 技术工程应用也快速跟进。例如，京雄高铁、港珠澳大桥、北京大兴国际机场等都是 BIM 技术成功应用的典型案例。

1. 全阶段、全专业协同的 BIM 设计：京雄高铁

京雄高铁首次完成项目级 BIM 标准体系建设和应用实践，并在铁路行业实施全阶段、全专业协同的 BIM 设计，从标准建立、软件研发、项目应用和设计、施工、建设管理两个维度，成体系利用 BIM 技术，是向"智能铁路"建设的进一步提升。该项目获得 2019 年度 buildingSMART 国际 BIM 大赛基础设施领域特别奖。

（1）项目组根据各方需求编制了项目应用策划书，面向标准化设计、信息化交付和应用建立了 BIM 设计实施标准等 8 套项目标准、规范或指南，配套研发了铁路 IFC 可视化审核软件，升级了一级建设管理平台，研发了多套二级建设管理平台。

（2）项目组从初步设计阶段便开始采用 BIM 技术开展设计方案比选和设计审查；在施工图阶段应用 BIM 技术开展复杂地段桥梁布置方案优化、大跨度连续梁转体结构设计优化、基于地质模型计算挖方数量及辅助"绿色京雄"方案设计和决策等应用；在施工阶段实现了基于 BIM+ 云平台的数字化钢筋加工等应用。

2. 基于 BIM 的多平台协同设计：北京大兴国际机场

我国目前最大的航空枢纽之一——北京大兴国际机场（见图1-4）是采用 BIM 技术进行设计的，实现了设计团队的协作、信息的共享和设计效率的优化。由于该项目的复杂性，单一的 BIM 软件无法实现完整流程的项目设计，因此，该项目确定了多平台协同工作和以适用性为导向的 BIM 技术框架，如图 1-5 所示。各专业使用不同 BIM 平台处理复杂设计需求，如 Autodesk T-Spline 和 Rhino 处理外围护体系，传统的 AutoCAD 平台用于主平面系统，而 Autodesk Revit 平台用于专项系统。然后将外围护体系和大平面体系（主平面系统、专项系统）整合在协同设计平台中，实时更新，协同工作，高效解决设计与施工问题。

图 1-4　北京大兴国际机场

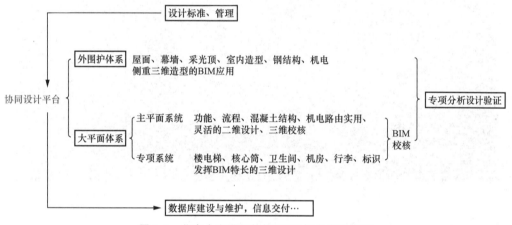

图 1-5　北京大兴国际机场 BIM 技术应用框架

通过高效的 BIM 协同设计平台，上百人的设计团队在短短一年内完成了从方案调整深化到施工图的全部设计过程，充分展示了 BIM 技术对设计效率的巨大提升。

（三）电力行业

在新型电力系统建设的背景下，BIM 技术在电力行业的应用日益广泛，电网工程数智化进程进一步加速，对工程设计提出了新的需求。

国家电网有限公司积极推动数智化转型战略，推动电网工程 BIM 技术应用。在标准编制方面，制定适合输变电工程建设、专业完备、全过程覆盖的国家电网三维设计标准体系（GIM 标准），建立了统一的通用模型库，推动了 GIM 标准在输变电工程的全面应用。在系统建设方面，建设了"特高压工程综合数字化管控系统"，推动了 BIM 技术在特高压工程设计施工全过程的深化应用，通过统一归集 BIM 设计成果和工程数据资料，打造国家电网集团级的特高压知识中心和数据资产。在工程应用方面，在多个示范项目中实现了多单位、多专业协同设计，提高了工程设计质量和精细度，为 BIM 技术持续应用奠定基础。

　　BIM 技术在特高压领域的广泛应用，为实际项目提供了宝贵经验。以白鹤滩—江苏 ±800kV 特高压直流输电工程为例（见图1-6），推进特高压工程三维正向设计，基于 BIM+GIS 理念建设，集成应用地理信息技术、三维建模技术、数字化协同设计技术，拥有全专业输变电三维数字化设计软件，可满足电网规划、设计等阶段应用场景可视化、智能化建设需求。

图 1-6　白鹤滩—江苏 ±800kV 特高压直流输电工程

小结　　BIM 技术经历萌芽、发展和深化三个阶段，既是一种数字化模型构建技术，也是一套用于生产、沟通和分析项目模型的综合管理新模式。BIM 技术的发展历程包括组织、政策、标准、软件等方面：组织方面，以行业联盟和研究机构为主，发挥了协调和引领作用；政策方面，从国家层面到地方层面不断出台，为 BIM 技术应用提供了方向和推动力；标准方面，国际、国家、行业、企业标准逐步健全，为 BIM 技术应用提供统一的规范；软件方面，随着软件持续演进，功能日益丰富，为 BIM 技术应用提供强大的工具支持。各方面的综合努力推动了 BIM 技术在全球范围内持续发展，在建筑、交通、电力等领域表现出巨大的潜力和价值。

第二节　BIM 技 术 的 价 值

电网工程等大型工程项目通常具有建设规模大、技术条件复杂、专业协同要求高、建设周期长等特点，面临项目各阶段各参与方"各司其职"、数据共享和信息交流不畅、管理目标互相脱节等管理分散化问题，影响项目总体成效。而 BIM 技术具有可视化、全息化、协同共享等技术优势，BIM 模型贯通工程项目全寿命周期始终，为工程项目全寿命周期提供整合的、统一的数据信息，促进各阶段各参与方协同决策、紧密合作。BIM 技术的价值和工程项目的业务耦合共生，实现了对工程项目管理的全过程数据赋能，BIM 技术的全过程应用如图 1-7 所示。

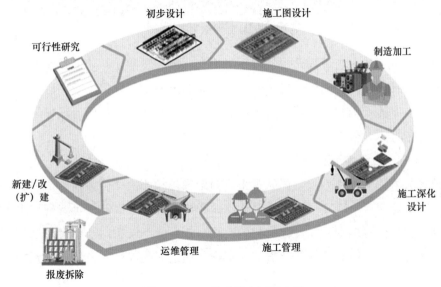

图 1-7　BIM 技术的全过程应用

一、BIM 技术的可视化

BIM 技术的可视化应用（见图 1-8）为项目团队带来了直观、高效的协作方式。通过模型可视化，能够更直观地检查和调整设计方案，全面评估各种选择的优劣，并及早发现潜在的冲突和问题。BIM 技术的可视化价值主要体现在以下方面。

（一）增强项目沟通与理解

BIM 技术的可视化为项目团队带来了沟通与理解的革新。复杂的设计和技术信息以直观的三维模型呈现，而不再局限于纸面图纸。设计团队成员通过三维模型，深入了解构造、布局、设备安排等关键细节，更直观地理解和交流设计方案，减少了设计理解上的模糊和误差，促进团队之间的有效沟通与协作。

图 1-8   BIM 技术的可视化应用

同时，BIM 技术的可视化也使得项目更加开放和透明，即使非专业人士，如业主、投资者或相关政府部门，也能够通过直观的模型参与项目讨论。这种全方位参与激发了各方的积极性，让项目决策更具多样性和全面性，从而为项目的成功实施营造更有利的合作氛围。

（二）减少设计冲突和矛盾

BIM 技术的可视化为项目团队带来了问题预防和解决的强大能力。通过可视化模型，团队能够更早地发现潜在的设计问题和施工冲突，提前做出调整和优化，减少后期的错误修复成本。在设计的初始阶段，各专业可以在同一个模型上进行实时的协同设计和碰撞检测，从而及早解决不同专业之间的冲突和矛盾，进而提升设计质量。

（三）优化施工和物流管理

通过 BIM 技术的可视化，施工团队能够在虚拟环境中逼真地模拟整个施工过程，包括材料运输、设备安装、施工进度等。通过在虚拟环境中进行模拟，施工团队可以进行多种方案比选，优化施工流程，降低施工风险，并提高施工效率。同时，BIM 技术的可视化还有助于物流管理的优化，帮助施工团队规划最优的材料供应路线和安排施工设备，减少物资浪费和时间成本。

（四）改进项目决策和审批流程

通过 BIM 技术的可视化，项目决策者获得清晰的数据支持，从而更快速地理解和评估设计方案。在项目审批过程中，可视化模型为政府和相关部门提供更准确的审查依据，有助于减少不必要的审批延误，提高审批效率。这种改进使得项目决策和审批流程更加高效和准确，有助于推动项目的推进和顺利完成。

二、BIM 技术的全息化

BIM 技术的全息化特性指的是将工程中的各个方面和数据源进行全面整合，实现全过程的数据管理和共享。BIM 技术对信息传递也有着严格的规定和要求。

参考国内外对 BIM 信息传递层级的梳理，本书明确了适用于电网工程的全息化 BIM 信息传递层级，如图 1-9 所示。通过清晰界定信息传递的关系，确保信息顺畅流动且高效共享。

BIM 技术可以将工程项目各个方面的信息整合到一个统一的模型中，包括设计阶段的几何形状、材料规格、结构设计等，建造阶段的施工序列、计划进度、成本等，以及生产阶段的设备维护、能源管理等方面的数据。此外，BIM 模型还可以与传感器数据、实时监测系统等进行数据交换和集成。

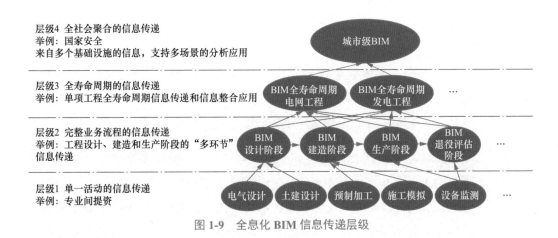

图 1-9 全息化 BIM 信息传递层级

从项目开始到交付、运维，BIM 技术可以实现持续的数据传递和共享，避免信息丢失和沟通断层，从而确保数据的连贯性和一致性，全息化地保留项目的全部信息，供各参与方共同使用，提高项目的执行效率。

三、BIM 技术的协同共享

BIM 技术支持构建统一平台，让各参与方在集成化的环境下，采用直观、高效的协同方式开展工作。BIM 技术的协同共享价值主要体现如下。

（一）确保数据的一致性

BIM 技术可以将工程各阶段、各专业、各参与方（业主方、设计方、施工方、建管单位、监理单位等）的数据集成到一个统一平台上，实现数据的流通和共享，消除潜在的数据冲突，确保数据的一致性，提升数据的准确性和全面性。

（二）促进信息的透明化

统一平台可以消除信息孤岛，促进信息在紧密合作的参与方间透明化。各参与方可以便捷地沟通，快速做出决策，减少信息传递的时间和成本；可以高效地达成共识，共同解决问题，避免信息误解和缺失带来的风险。信息的透明化可以有效推动整个项目的顺利进行。

（三）实现协同设计

在统一平台上，不同专业的设计人员可以共同操作工程整体 BIM 模型。这种实时的协同设计模式允许设计人员实时查看其他专业的设计内容，从而，在设计阶段，可以有效避免设计误差、设计冲突和重复工作；在其他阶段，可以灵活对模型进行调整和修改，并获得其他专业的即时响应。

（四）优化工程管理

BIM 模型可以促进各参与方的协同，协调各参与方的流程和进度，从而优化工程管理。例如，在施工进度跟踪中帮助发现和解决施工问题。

（五）支持数据驱动决策

BIM 模型包含全息数据，BIM 与 IoT、GIS 等技术融合时，数据会更加丰富。对这些数据进行分析，可以获取大量有价值的信息，为规划等项目决策提供有力支持。这种数据驱动决策，相比基于经验的决策更加科学合理，有利于工程的成功。

小结　　BIM 技术的应用价值主要体现在可视化、全息化和协同共享三个技术优势上。可视化有助于减少设计冲突、提高协作水平并优化施工管理。全息化能确保数据的一致性和信息高效交流，进而提升工程项目的整体效率。协同共享通过促进数据集成、信息透明化、实时协同设计及数据驱动决策，增强项目的团队协作和决策效率。这三个技术优势共同构成了 BIM 技术的核心价值，为工程项目管理提供了更高效、可持续的方法，引领了工程项目数字化转型的创新浪潮。

第二章

BIM 标 准 体 系

BIM 标准指导和影响 BIM 技术应用向着规范、统一的方向发展，是 BIM 技术开发、应用和推广的重要基础和前提条件。为实现 BIM 模型在工程全寿命周期的共享应用，必须有全面有效的标准支撑。这些标准需要相互关联、相辅相成，形成一种可以发挥 BIM 最大价值的标准体系。BIM 标准体系一般以数据模型定义、数据分类编码和过程交付三个维度为基础框架，构建相关的基础类、数据类和执行类标准等，为行业提供一个标准化、规范化和体系化的参考框架，促进行业数字化水平的整体提升。建立适用于电网工程的 BIM 标准体系，需要承接国家 BIM 标准，参考借鉴国际先进标准，结合电网工程及业务特点，从基础模型标准化、业务数据标准化、成果交付标准化、数据交换标准化、业务应用标准化等方面，确保 BIM 数据顺畅流转和有效应用。

本章梳理分析了国际和国内 BIM 标准体系，基于 BIM 国际标准的体系框架、国家标准的结构层次和组织方式，建立了电网工程 BIM 标准体系，为电网工程 BIM 技术的应用和发展提供统一基准。

第一节 BIM 标准发展现状

国内外 BIM 标准体系都是由一系列互相关联的标准、指南和规范组成的，旨在规范和推动 BIM 技术的应用和发展。国外 BIM 标准体系主要有 buildingSMART、ISO 制定的 BIM 标准体系，以及美国、英国的 BIM 标准体系。中国 BIM 标准体系主要包括国家、地方、行业等制定的 BIM 标准。本节分析国内外 BIM 标准体系构建的思路及特点，构建过程中政府政策的影响、行业组织的角色和专业团体的参与情况，以及标准的推广和实施情况。

一、国际 BIM 标准体系及相关标准现状

（一）buildingSMART BIM 标准体系

buildingSMART 研究构建的 BIM 标准框架主要分为数据、过程和术语三个部

分，分别对应数据模型标准、过程定义标准及数据字典标准三类标准。数据模型标准，即工业基础类（Industry Foundation Classes，IFC），为软件之间的信息互用制定规范。过程定义标准，即信息交付手册（Information Delivery Manual，IDM），建立项目参与者之间的交流合作机制。数据字典标准，即国际字典框架（International Framework for Dictionaries，IFD），是将用户层面的合作与机器层面的信息互用连接起来的桥梁。buildingSMART BIM 标准体系框架如图 2-1 所示。

IFC、IDM、IFD 共同构成了建设项目信息交换的三个基本支撑：IFC 提供了信息交换的格式，IDM 定义了信息交换的内容，IFD 描述了标准化信息交换的理解。三者相互支撑，保障项目不同阶段不同平台间信息的传递和共享。

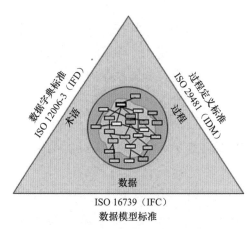

图 2-1   buildingSMART BIM 标准体系框架

1. IFC 标准

1995 年，IAI 提出了面向建筑对象的 IFC 信息模型标准，目的在于规范工程建设行业数据互用的文件格式。IFC 标准是基于面向对象的核心思想构建的建筑信息数学模型，它通过 IFC 数据模式（IFC Schema）对工程建设过程中涉及的各类信息进行描述和定义，用于表达实体对象（类）的属性与行为等。IFC 数据模式结构如图 2-2 所示。

2. IDM 标准

BIM 技术的深化应用和持续推广，对信息共享与传递过程中数据的完整性和协调性提出了更高的要求。IDM 标准从业务场景角度定义信息交换需求，对信息进行标准化，并通过与 IFC 标准形成映射，使建筑模型中的信息能够在工程建设各参与方和各阶段之间进行准确传递。

IFC 支持整个建筑全寿命周期的数据交换，但是实际应用中并不总是交换整个信息模型的全部信息，而是根据交换阶段或者交换场景的需求，仅需要其中的一部分数据内容。如结构设计时，仅需要提供 BIM 模型的主体结构框架的构件几何及属性信息，但是对 BIM 模型的其他信息并不关注。IDM 和 IFC 的关系如图 2-3 所示。

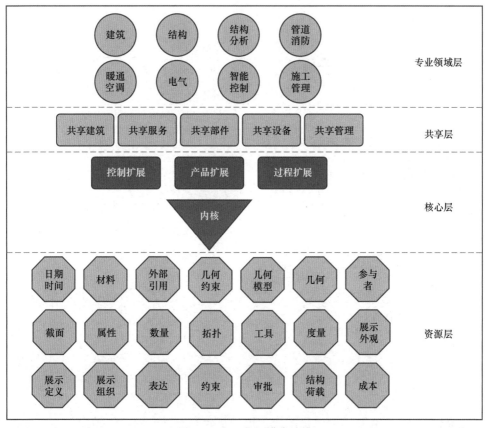

图 2-2　IFC 数据模式结构

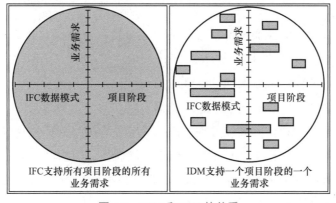

图 2-3　IDM 和 IFC 的关系

IDM 在建筑信息模型项目全寿命周期中，基于对每个交换过程的信息描述和说明，通过定义项目参与者需要交换和共享信息的交换过程、交换需求、交换约束等条件，确定交换内容及表达方式，为实际用户和软件开发者提供可靠的信息支持。IDM 信息交换流程如图 2-4 所示。

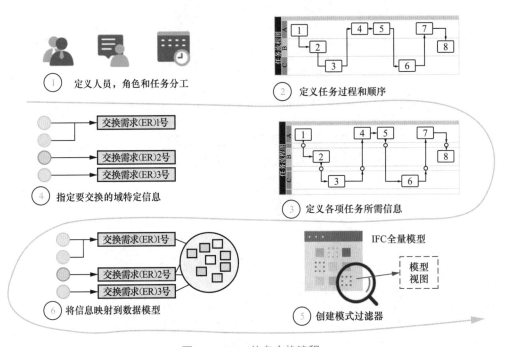

图 2-4　IDM 信息交换流程

IDM 标准是一套基于方法论的流程性规范，它通过流程记录描述各参与方和各阶段间必须交换的信息，依托软件确保数据有效传递，通过管理流程和业务要求，控制交付内容的准确性和一致性。

3. IFD 标准

IFD 标准引入类似人类身份证号码的方式来给每一个概念（如构件、属性等）定义一个全局唯一标识码（Global Unique Identifier，GUID）。不同国家、地区、语言的名称和描述与 GUID 进行对应，保证交换得到的信息和需要的信息一致。IFD 提供了一种多语言术语字典的机制，将多种语言描述的同一概念与 GUID 关联，避免计算机识别带来的不稳定性和歧义性，而呈现给最终用户的仍然是对应于相应概念的正确理解。IFD 标准通过信息分类系统与各种模型之间相关联的机制，解决因全球语言文化差异造成的 BIM 标准无法统一定义信息的问题，以保证信息的一致性。基于 IFD 的数据信息映射如图 2-5 所示。

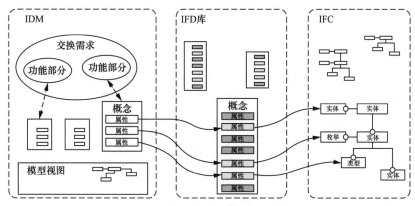

图 2-5　基于 IFD 的数据信息映射

buildingSMART 组织 2020 年发布的技术路线图中提到，随着智能建筑、智慧城市和数字孪生等新概念的出现，人们对面向未来的标准和解决方案的期望越来越高。应对海量数据、低交换延迟、人工智能和机器学习现代框架的需求日益增长，与当前基于文件的信息孤岛存在脱节。各行业正向跨领域的应用与协作方向发展。为此，需要提升数据标准、工具和底层技术的可扩展性和互操作性，以支撑数据的协同与交互。

（二）ISO BIM 标准体系

ISO 是一个全球性的非政府组织，也是目前最具权威性的国际标准化专门机构。1987 年，ISO 成立了专门的技术委员会——建筑信息组织（ISO/TC59/SC13），致力于建筑领域信息组织标准化、规范化工作。1994 年以来，ISO 陆续发布了多项 BIM 相关系列基础标准。

1994 年，ISO 发布了 ISO 10303-11:1994《工业自动化系统和集成　产品数据表示和交换　第 11 部分：说明方法——EXPRESS 语言参考手册》，规定了形式化的产品数据描述语言——EXPRESS，提供了对产品按面向对象方法进行描述的机制。目前，ISO 10303-11:1994 已更新至 ISO 10303-11:2004。IFC 标准就是使用基于该标准的数据规范语言来描述建筑数据的。

2001 年，ISO 发布了 ISO 12006-2:2001《建筑施工 建筑工程信息组织　第 2 部分：分类框架》，旨在定义建筑行业分类系统的框架，该标准基于建设过程、建设资源和建设成果 3 大分类，列出了对每个类别的成员按多个维度进行详细分类的表格，并给出了这些表格中可能出现的条目示例。随即，ISO 又采纳了 IFD 标准并发布 ISO 12006-3:2001《建筑施工　建筑工程信息组织　第 3 部分：面向对象的信息框架》，它基于 ISO 12006-2，规定了一种语言无关的信息模型，可用于开发用于存储或提供有关建筑工程信息的字典，使分类系统、信息模型、对象模型和流程模型能够在一个通用框架内交叉引用。目前，ISO 12006-2:2001 已更新至 ISO 12006-2:2015，ISO 12006-3:2001 已更新至 ISO 12006-3:2022。

2005 年，ISO 采纳了 IFC 标准第 4 版并发布 ISO/PAS 16739:2005《工业基础类平台规范》，目前已更新至 ISO 16739-1:2018《用于建筑和设施管理行业数据共享的行业基础类（IFC）》。

2008 年，ISO 发布了 ISO 22263:2008《建筑工程信息组织　项目信息管理框架》，规定了建筑项目中项目信息的组织框架，目的是促进对项目和施工实体相关信息的控制、交流、检索和使用，适用于项目各参与方管理整个施工过程并协调其子过程和活动。

2010 年，ISO 采纳了 IDM 标准并发布 ISO 29481-1:2010《建筑信息模型　信息交付手册　第 1 部分：方法论和格式》，目前已更新至 ISO 29481-1:2016。

2012 年，ISO 发布了 ISO 29481-2:2012《建筑信息模型　信息交付手册　第 2 部分：交互框架》。同年，ISO 又发布了 ISO/TS 12911:2012《建筑信息建模（BIM）指南框架》，目前已更新至 ISO 12911:2023《建筑和土木工程信息组织和数字化》，包括《建筑信息建模（BIM）——BIM 实施规范框架》。

2018 年起，ISO 陆续发布了 BIM 信息管理系列国际标准，包括 ISO 19650-1:2018《概念和原则》、ISO 19650-2:2018《资产的交付阶段》、ISO 19650-3:2020《资产的运营阶段》、ISO 19650-4:2022《信息交换》以及 ISO 19650-5:2020《信息安全管理方法》。ISO 19650 系列标准是在英国标准 BS 1192 和 PAS 1192-2 的基础上制定的，由 ISO/TC59/SC13 技术委员会负责发布和维护。ISO 19650 系列标准覆盖了 BIM 的各个方面，包括 BIM 的组织和协作、信息管理、数据安全和质量控制、模型的发布和使用等。

（三）美国 BIM 标准体系

2004 年，美国开始以 IFC 标准为基础开展 BIM 标准编制工作，并于 2007 年发布了美国《国家 BIM 标准（第一版　第一部分）》（NBIMS V1），这是美国第一个完整的具有指导性和规范性的 BIM 标准。2012 年，美国《国家 BIM 标准（第二版）》（NBIMS-US V2）正式发布。2015 年，美国《国家 BIM 标准（第三版）》（NBIMS-US V3）发布，在第二版的基础上增加了模块内容并引入了二维 CAD 美国国家标准，且在内容上进行了扩展，增加了信息交换、参考标准、标准实践部分的案例等。美国《国家 BIM 标准（第四版）》（NBIMS-US V4）已于 2023 年 9 月开始进行意见征询。NBIMS-US V4 迭代的目标是创建一系列标准和指南，以推动 BIM 技术在美国及其他地区的建筑和基础设施领域规划、设计、施工和运营中的应用。

NBIMS 标准体系由 3 个层级组成，最底层为标准引用层，中间层为信息交换层，最上层为标准实施层。若按类型，可分为两类，即技术标准和实施指南。

NBIMS 标准体系的核心是标准引用层，该层包含了建设项目信息交换的 3 个基本支撑标准。①数据存储标准：主要引用由 buildingSmart 组织提出的 IFC 标准；②信息语义标准：主要引用北美地区主流使用的信息分类编码标准 Omniclass 和 IFD 标准；③信息交换标准：引用 IDM 标准和模型视图定义（Model View Definitions，MVD），并根据业务场景制定了扩展标准。引用这些标准的目的是解决数据信息交换格式、交换内容和交换一致性等问题，以实现数据的互操作性，保证信息的自由流动。NBIMS 标准体系信息交换层对应施工、能耗分析、成本估算、机电设备等具体交付场景下信息交换的标准框架。标准实施层则对应实施指南，用于指导 BIM 技术在项目全寿命周期中的应用，包括建立模型、协同管理、项目实施和交付等环节。NBIMS 标准体系如图 2-6 所示。

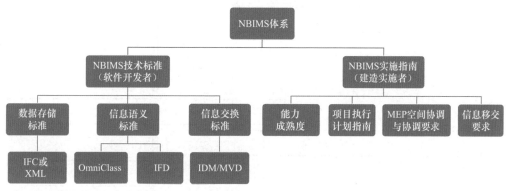

图 2-6　NBIMS 标准体系

（四）英国 BIM 标准体系

英国标准协会（British Standards Institution，BSI）是英国的国家标准组织，负责制定和贯彻统一的英国标准。BSI 将 BIM 技术成熟度分为 0 ～ 3 四个等级，并对各等级给出了解释说明，其 BIM 技术成熟度模型楔形图如图 2-7 所示。

除了 BSI，英国皇家特许测量师学会（Royal Institution of Chartered Surveyor，RICS）、英国建筑业 BIM 委员会等组织也制定了 BIM 标准。例如，2014 年，RICS 发布了《国际 BIM 实施指南（第一版）》；2015 年，发布了《面向成本经理的 BIM：BIM 模型的要求（第一版）》。2010 年，英国建筑业 BIM 委员会发布了《英国建筑业 BIM 标准（第一版）》；2012 年，发布了《英国建筑业 BIM 协议（第二版）》；2015 年，发布了《英国建筑业 BIM 技术协议（2.1 版本）》。

1990 年，BSI 发布 BS 1192-5:1990《施工制图实践——第五部分：计算机图形信息结构指南》，目前已更新至 BS 1192:2007+A2:2016《建筑、工程和施工协同生产——实践守则》。

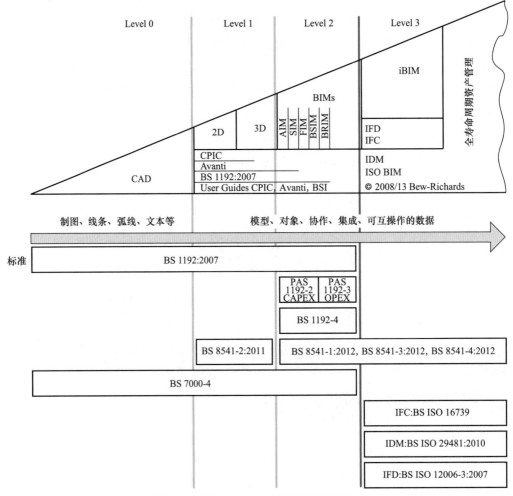

图 2-7　英国 **BIM** 技术成熟度模型楔形图

2011 年，BSI 发布了 BS 8541-2:2011《建筑、工程和施工库对象　第 2 部分：推荐使用的建筑信息模型的建筑元素 2D 符号》。

2012 年，BSI 先后发布了 BS 8541-1:2012《建筑、工程和施工库对象　第 1 部分：识别和分类——实践守则》、BS 8541-3: 2012《建筑、工程和施工库对象　第 3 部分：形状和测量——实践守则》、BS 8541-4:2012《建筑、工程和施工库对象　第 4 部分：规范和评估的属性——实践守则》。

2013 年，BSI 发布了 PAS 1192-2:2013《建筑信息模型施工项目资本 / 交付阶段信息管理规范》。

2014 年，BSI 先后发布了 BS 1192-4:2014《信息协作生产　第四部分：遵守

COBie 标准实现雇主的信息交换要求——实践守则》、PAS 1192-3:2014《建筑信息模型资产运营阶段信息管理规范》。

2015 年，BSI 发布了 PAS 1192-5:2015《建筑信息模型、数字建筑环境与智慧资产管理安全意识规范》，该规范详细说明了应用适当措施，对全部或部分已建资产、资产数据和信息的安全风险进行管理的方法。

2016 年，BSI 发布了 BS 8536-1:2015《设计和施工简明手册 设施管理实践守则（建筑物基础设施）》，该手册是 BIM 2 级文件的一部分，为设计和施工提供了建议，以确保设计师考虑到使用中的建筑物的预期性能。该标准适用于所有新建建筑项目和大型翻新工程。

英国 BIM 标准体系构建了分类、交换、交付的基本框架，并提出了面向从业人员的成熟应用指南。

二、国内 BIM 标准体系及相关标准现状

（一）国家 BIM 标准体系

国家 BIM 标准体系主要是基于建筑工程的建设管理需求建立的一个主体框架，以指导性、原则性规定为主，指导性文件的具体规范性要求则由相关的行业标准、地方标准等进行细化。

住房和城乡建设部印发《关于印发 2012 年工程建设标准规范制定修订计划的通知》（建标〔2012〕5 号），将 GB/T 51212—2016《建筑信息模型应用统一标准》、GB/T 51447—2021《建筑信息模型存储标准》、GB/T 51269—2017《建筑信息模型分类和编码标准》、GB/T 51301—2018《建筑信息模型设计交付标准》和 GB/T 51235—2017《建筑信息模型施工应用标准》五项 BIM 标准列为国家标准制定项目。其中 GB/T 51447—2021《建筑信息模型存储标准》、GB/T 51301—2018《建筑信息模型设计交付标准》和 GB/T 51269—2017《建筑信息模型分类和编码标准》作为建筑信息模型的数据模型类标准、过程定义类标准和数据字典类标准的三个核心标准，与国际 BIM 标准体系中的三个核心支撑标准（见图 2-1）相对应，形成了国家 BIM 标准体系的核心框架，国家 BIM 标准核心框架见图 2-8。

国内工程建设的管理和生产模式与国外不同，因此在国家层面制定了统一的发展规划指导各行业 BIM 标准的组织和制定。国家 BIM 标准体系按标准之间的依赖性和应用层级分为三个层次：第一层为基础类标准，GB/T 51212—2016《建筑信息模型应用统一标准》；第二层为数据类标准，GB/T 51269—2017《建筑信息模型分类和编码标准》和 GB/T 51447—2021《建筑信息模型存储标准》；第三层为执行类标准，GB/T 51301—2018《建筑信息模型设计交付标准》、GB/T 51235—2017《建

信息模型施工应用标准》及 GB/T 51362—2019《制造工业工程设计信息模型应用标准》。国家 BIM 标准体系如图 2-9 所示。

图 2-8 国家 BIM 标准核心框架

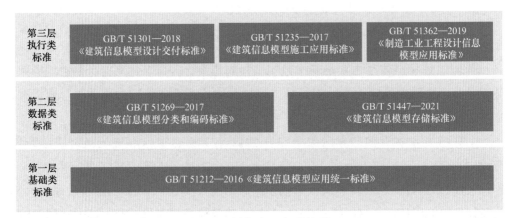

图 2-9 国家 BIM 标准体系

GB/T 51212—2016《建筑信息模型应用统一标准》对工程项目全寿命期中建筑信息模型在各个阶段创建、共享和应用进行统一规定，其他标准应遵循统一标准的要求和原则。GB/T 51447—2021《建筑信息模型存储标准》规定了模型信息定义、组织和存储的方式，对应于 IFC 标准。GB/T 51269—2017《建筑信息模型分类和编码标准》规定模型中信息的分类和编码，实现信息交换与共享，与 IFD 对应。GB/T 51301—2018《建筑信息模型设计交付标准》规定了建筑信息模型的建立、传递和读取，特别是协同及交付等过程以及各阶段应用的信息精度和深度的要求，对应于 IDM 和 MVD 标准。GB/T 51235—2017《建筑信息模型施工应用标准》规定在施工各阶段 BIM 技术应用的具体内容。GB/T 51362—2019《制造工业工程设计信息模型应用标准》面向的是制造工业新建、扩改建、技术改造和拆除工程项目中设计信息模型的应用。

（二）行业与地方 BIM 标准体系

在国家 BIM 标准体系不断完善的同时，各行业及地区也积极出台了相关标准以推动 BIM 技术应用，如中国工程建设标准化协会、铁路 BIM 联盟、水利水电 BIM 联盟、中国电力企业联合会及中国电力规划设计协会等编制的 BIM 标准体系。我国还出台了一些细分领域标准，如门窗、幕墙等行业制定相关 BIM 标准及规范，以及企业自己制定的企业内的 BIM 技术实施导则，这些标准、规范、准则共同构成了中国 BIM 标准体系。

1. 中国工程建设标准化协会 P-BIM 标准体系

在中国 BIM 发展联盟的支持下，中国建筑科学研究院作为依托单位，于 2012 年向中国工程建设标准化协会申请成立了中国工程建设标准化协会建筑信息模型专业委员会（简称中国 BIM 标委会），该委员会组织开展了基于工程实践的建筑信息模型应用方式（Practice-based BIM mode，P-BIM）标准研究和编制工作。

P-BIM 是基于工程实践的建筑信息模型实施方式，是为适应我国 BIM 技术应用模式而建立的 BIM 标准。中国 BIM 标委会分别于 2013 年、2016 年和 2017 年共启动了 36 部 P-BIM 标准的编制工作。P-BIM 已经形成了较为完善的标准体系，希望通过以应用为主导的实施战略推动我国 BIM 技术的发展。

2. 铁路 BIM 联盟标准体系

2014 年，在铁路 BIM 联盟的组织下，发布了《中国铁路 BIM 标准体系框架》，后陆续编制发布了 T/CRBIM 001—2014《铁路工程实体结构分解指南》（1.0 版）、T/CRBIM 002—2014《铁路工程信息模型分类和编码标准》（1.0 版）、T/CRBIM 003—2015《铁路工程信息模型数据存储标准》（1.0 版）、T/CRBIM 004—2016《铁路四电工程信息模型数据存储标准》（1.0 版）、T/CRBIM 007—2017《铁路工程信息模型交付精度标准》（1.0 版）5 项 BIM 标准；正在编制《铁路工程 BIM 制图标准》《铁路工程 GIS 交付标准》等标准。铁路 BIM 联盟注重与国际接轨，已成为 buildingSMART 成员之一。

3. 水利水电 BIM 联盟标准体系

水利水电 BIM 联盟是由中国水利水电勘测设计协会的 34 家会员单位共同发起成立的非营利组织，联盟作为水利水电行业唯一的 BIM 专业性组织，在协会领导下于 2017 年发布了《水利水电 BIM 标准体系》。《水利水电 BIM 标准体系》将 BIM 标准分为数据标准、应用标准和管理标准共 70 项。其中，已经发布的 T/CWHIDA 0005—2019《水利水电工程信息模型应用标准》、T/CWHIDA 0006—2019《水利水电工程设计信息模型交付标准》、T/CWHIDA 0007—2020《水利水电工程信息模型分类和编码标准》及 T/CWHIDA 0009—2020《水利水电工程信息模型存储标准》作为基础性标准，包含了水利水电工程信息模型应用方面的各个方面。

4. 雄安新区规划建设管理BIM标准体系

2017年4月1日，中共中央、国务院印发通知，决定设立国家级新区河北雄安新区，新区以BIM数据资源管理系统为支撑，涵盖城市各行业数据建立了完整的BIM技术应用标准体系。雄安新区BIM标准体系以政府管理为导向，面向十几个领域的不同专业BIM数据需求，借鉴国际标准与国家标准的体系架构思路，创新性地制定了基于建筑工程信息模型的XDB多源数据交付标准、数据格式标准、数据挂载手册（模型应用标准），覆盖了数据字典、数据格式、交付流程三大核心标准，形成了雄安新区公共的BIM数据标准应用管理规则，为新区长期的工程建设、信息化建设奠定坚实的数据基础和标准规范。

小结　BIM标准的制定和实施指导BIM技术的应用，使之向规范化、统一化的方向发展，是BIM技术开发、应用和推广的理论基础和前提条件。我国BIM标准的制定和实施，参考和借鉴了国际先进标准体系的框架和思路，并结合我国BIM技术发展现状和应用特点确立了基本层次架构，对推动工程建设领域的信息化发展具有战略意义。未来需要加强BIM标准的制定和管理，以提高标准的系统性和连续性，同时促进各地区、各行业之间的协调与合作，以推动BIM技术的广泛应用和发展。

第二节　电网工程BIM标准体系研究

电网工程是中国重要的基础设施工程项目之一，涵盖了多种不同工程类型、工程阶段和相关专业。自2010年起，电网行业积极推动三维数字化技术，以国家电网公司和中国南方电网有限责任公司为代表的电网企业，制定了以BIM技术为核心的电网工程建设信息化推进计划和规划，并在数据存储、信息语义、信息传递、资源利用、工程建设行为、交付成果以及协同合作等多方面的标准制定中取得了阶段性成果，其中GB/T 38436—2019《输变电工程数据移交规范》、NB/T 11198—2023《输变电工程三维设计模型分类与编码规则》及NB/T 11197—2023《输变电工程三维设计技术导则》等国家及行业标准均已发布。在构建电网工程BIM标准体系时，需要考虑电网工程类型、专业、数据内容、数据的组织方式、表现形式、数据详细程度等要求，以确保数据的准确性和完整性。

从BIM标准体系视角出发，借鉴国际成熟的BIM标准基础框架和国家BIM标准的结构层次与组织方式，以数据模型标准、数据字典标准、过程定义标准为基础支撑标准的思路，构建适应性强、扩展性好，符合电网工程特性的标准体系。通过标准体系建设，从而实现电网工程全寿命周期数据无缝衔接，支撑未来运维和数字孪生等运营场景需求。

一、电网标准体系构建背景

（一）业务需求

电网工程 BIM 标准体系需要从工程类型、专业、设计流程、数据应用场景、数据管理方式等多个维度进行考虑，参照住房和城乡建设部的 BIM 国家标准体系进行合理的层次划分，以打破各流程环节之间的数据孤岛和数据烟囱现象，实现对电网工程数字化应用的系统性数据标准化支撑。

（二）国内外 BIM 标准在电网工程应用中的局限

1. 标准的完善性与适用性

buildingSMART 在 IFC 标准的应用过程中不断发现其应用方式和覆盖范围的局限性并进行改进，IFC4.3 版本删除了 54 项实体、类型、函数、属性和枚举等，同时增加、修改了约 2000 个数据项（参见 IFC 4.3.1.0- Annex F Changelogs）。国内在对 IFC 版本的研究与应用过程中也发现了一些问题，如与我国相关行业现行标准、软件、流程规范等可能出现的兼容性与一致性问题。因此，在进行我国电网工程的标准体系编制和应用方面，自主可控性标准显得尤为重要，必须得到足够的重视。

按国际标准的应用模式，面向过程的交付内容定义主要依赖 IDM 标准。然而，IDM 标准的应用方式相对复杂，其工作流程与国内的建设管理模式及流程并不完全适用，且交付的业务内容并没有相关的标准进行规范，缺乏相应的软件支持。在实际应用过程中，许多项目的交付问题并未得到很好的解决。

2. 标准体系的完备性

现有的 BIM 标准体系规范了 BIM 技术的主要核心标准。然而，国际 BIM 标准以工程项目的市场化需求为主要导向，因此在标准体系的实施和应用过程中，通常根据具体的项目需求进行扩展，并未形成对流程、应用方式、工艺工序等方面的标准化体系，因此在一些实际项目中存在规范盲区。例如，设计标准、出图标准、应用规程等方面的相关规范，导致行业对于 BIM 技术的使用没有统一的标准，彼此之间无法充分合作，影响整个建设进程。

3. 标准体系的系统性和连贯性

长期以来，工程行业领域在勘察设计、物资采购、工程建造以及运营维护等环节存在分割，形成了缺乏 BIM 标准系统性和连贯性的问题。这导致未能基于标准形成完整的产业链，并存在数据孤岛，同时缺乏统一规范的标准，导致打通业务各环节的成本高昂，且难以促进业务创新协作和快速响应。

以上是构建电网工程 BIM 标准体系时着重考虑和解决的关键问题。

（三）电网工程 BIM 标准体系的构建基础

自 2010 年以来，国家电网在输变电工程三维设计方面开展了系列研究工作，初步奠定了三维设计实施的技术基础。先后开展了"三维数字化设计技术体系研究""三维全景展示技术研究""电网工程数字化设计成果移交技术研究""输变电工程三维信息模型构建关键技术研究"等科研课题，形成了系列研究成果，出版了《输变电工程数字化设计》专著，这些科研成果有效指导了后续三维设计技术标准体系的建立及在工程中的推广应用。

自 2017 年起，国家电网有限公司组织全国多家设计单位，根据"依托工程、分步实施、统一标准、分工协作"的原则，构建了"输变电工程三维设计（Grid Information Model，GIM）系列标准"。并按照统一的三维建模技术标准，开展三维建模工作。该项工作按照统一的技术标准，共同建立了通用模型库，并以此为基础在工程中验证了设计阶段 GIM 标准的合理性，这一系列工作为推动相关专业软件升级与促进电网工程数智化发展做出了显著贡献，也为构建电网工程 BIM 标准体系奠定了基础。

二、电网工程 BIM 标准体系框架

电网工程 BIM 标准体系借鉴国际成熟的 BIM 标准基础框架和国内 BIM 标准的结构层次与组织方式，分为基础类标准、数据类标准与执行类标准 3 类。

基础类标准主要包括国家和行业的基础性标准引用，作为指导其他标准编制的原则和依据。

数据类标准包括数据格式、数据存储与交换、数据编码、数据互操作性等相关标准和规范，用于统一电网工程全寿命周期信息模型的数据定义与表达，以确保基于统一数据标准的数据共享、数据交换与数据应用。这些标准与规范可作为专业软件、平台和系统的研发、数据规范化应用与管理的指导。

执行类标准包括各类业务流程与数据交付的技术性规范要求，如项目实施中的流程组织、模型创建及模型数据应用方式等，通过实施标准化以确保数据质量与管理质量。

这些标准与规范在 BIM 技术应用过程中，为确保数据的一致性和准确性提供了重要支持。同时，它们也确保了项目实施过程中的高效性和可靠性，为电网工程数智化进程提供了有力保障。

数据类标准中的《输变电工程信息模型数据规范》、NB/T 11198—2023《输变电工程三维设计模型分类与编码规则》与执行类标准中的《输变电工程信息模型交付规范》，确定了整个体系中数据模式、数据过程和数据语义的核心定义，构成了支撑标准体系的 3 个核心标准（见图 2-10）。

其中，《输变电工程信息模型数据规范》以 GB/T 51212—2016《建筑信息模型应用统一标准》、DL/T 2197—2020《电力工程信息模型应用统一标准》为原则性指导，以 GB/T 51447—2021《建筑信息模型存储标准》的基本数据框架和定义为基础，根据电网工程全寿命周期各阶段、各应用场景的数据特征和应用特点进行领域扩展和细化，以更好地适应电网工程的专业化应用；《输变电工程信息模型交付规范》以 GB/T 51301—2018《建筑信息模型设计交付标准》和 GB/T 38436—2019《输变电工程数据移交规范》为依据，结合 Q/GDW 11812.1—2018《输变电工程数字化移交技术导则 第 1 部分：变电站（换流站）》中的相关技术要求，覆盖电网工程阶段、专业及专项交付的业务内容及表达；电网工程 BIM 数据编码标准则引用 NB/T 11198—2023《输变电工程三维设计模型分类与编码规则》。电网工程 BIM 标准体系框架中的数据类、过程类、应用类以及管理类等标准可基于这三个核心标准的规定进行扩展并符合统一的数据管理逻辑和原则，以保证标准体系的协调性和一致性。

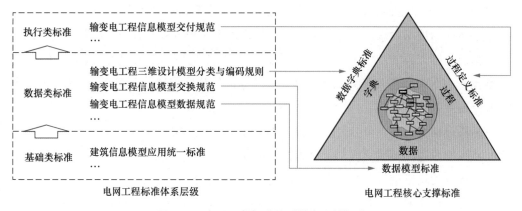

图 2-10　电网工程标准体系核心支撑标准

在电网工程全寿命周期建设管理过程中，BIM 模型随着建设过程的推进不断进行数据的生产、交换与应用。为实现信息的一致性与共享，电网工程 BIM 标准体系遵循国际和国家标准的基本原则与主要架构，确保标准体系的科学性、合理性与完备性的同时，保持标准的自主可控性。电网工程 BIM 标准体系以三个核心标准为基础框架，以国标体系的基础类标准、数据类标准和执行类标准为主体层次架构，并不断根据电网工程实际应用效果完善和扩展。

（一）标准体系构建路径

国外 BIM 标准体系均包括以下关键要素：

（1）数据类标准：规定各类数据定义及表达，包括关于数据格式、数据语义、分类编码及基于具体数据交换需求的模型视图定义等标准。

（2）过程类标准：也称为工作流标准，用于规范数据交换或交付过程中场景相关的业务数据内容，以及数据交付 / 交换的内容、范围、深度、精度、约束条件等。

（3）应用类标准：用于指导软件、平台或系统的数据生产、数据传递、数据应用等使用过程中应遵循的规范性要求。

（4）接口类标准：作为软件或插件标准化调用规范，实现程序、系统或平台对数据标准的支撑与兼容。

我国的 BIM 国家标准体系在以上要素基础上，基于我国行业管理及领域应用的特点，增加了基础类标准，作为纲领性、原则性、指导性标准，为其他标准的编制提供了依据。

电网工程现行标准体系中设计及移交部分是 GIM 标准，主要分为基础通用标准、技术标准和相关支撑标准三类，包括基本概念、数据、建模、设计、成果应用与移交、基础库、协同控制、软件功能规范及数据安全等系列标准。"输变电工程三维设计标准体系"中，包含了国际标准及国家标准体系中所具备的关键标准要素，并涵盖了电网工程设计业务及管理的相关专业标准，对于电网工程所使用的设计软件也提出了相应的技术要求，与电网工程的建设管理模式和流程具有更强的业务关联性。

基于电网工程的业务需求，借鉴国际 BIM 标准体系的应用经验，依据国家 BIM 标准体系的框架及相关国标规定，进行需求分析与数据梳理，并在 GIM 基础上从以下几个维度进行分类：

从标准层级维度，可分为基础数据类标准和执行类标准；

从标准内容和范围维度，可分为技术类标准和流程类标准；

从标准领域维度，可分为通用类标准和专业类标准；

从数据管理维度，可分为数据交付类标准、数据编码类标准和数据格式或数据表达类标准；

从应用维度，可分为设计类标准和应用导则类标准。

电网工程标准体系的架构，全面考虑了 BIM 标准体系的完整度和相互之间的协同性。通过采用由基础到顶层、由抽象到具体、由数据到应用的层级分类方式进行架构，实现了标准对全寿命周期数据的覆盖，并支撑了上下游不同专业、不同应用场景、不同阶段的数据协同、交付和共享。

电网工程 BIM 标准体系以实现工程建设全寿命周期的数据信息互操作性为目标，

定义统一的数据格式和表达，并定义不同业务场景信息交换的内容和节点。根据电网工程 BIM 标准体系框架的结构层次与组织方式，分为基础类标准、数据类标准和执行类标准，其中：

（1）基础类标准部分，标准的基础与原则在总体上按照 GB/T 51212—2016《建筑信息模型应用统一标准》的规定，同时符合 DL/T 2197—2020《电力工程信息模型应用统一标准》的要求，也考虑了与《输变电工程信息模型应用统一标准》的协调。

（2）数据类标准部分，涵盖数据格式、数据语义和数据交换相关的标准和规范。编制《输变电工程信息模型数据规范》，涵盖电网工程各类业务数据的定义及表达，对应 GB/T 51447—2021《建筑信息模型存储标准》，结合电网工程业务特点，规范各阶段、各专业的数据定义和数据逻辑关系。体系要素中的编码相关标准，直接引用 GB/T 51269—2017《建筑信息模型分类和编码标准》和 NB/T 11198—2023《输变电工程三维设计模型分类与编码规则》作为 BIM 标准体系中的主要部分。编制《输变电工程信息模型数据交换规范》，规定在进行电网工程信息模型数据存储和交换时，各专业、各阶段、各类型数据的专业属性信息、几何信息、数据逻辑关系信息的数据交换方式及相关数据要求，与《输变电工程信息模型交付规范》《输变电工程信息模型数据规范》相结合，符合此标准规范的软件可按照标准的数据调用规则实现数据的访问和解析。

（3）执行类标准部分，涵盖 BIM 实施过程中的技术性规范要求，如项目组织与应用流程、信息模型的创建、支付和数据应用方式等。基于 GB/T 51301—2018《建筑信息模型设计交付标准》的原则性规定，按照电网工程实际应用的流程、特点和业务规则，参照输变电工程三维设计标准体系中相关的交付要求，编写《输变电工程信息模型交付规范》，对交付内容、深度、精度做更明确和具体的规范，指导实际工程的落地应用。根据电网工程设计管理特点，结合 BIM 设计实际应用的流程业务规则，编制《输变电工程信息模型应用导则》，结合各阶段、各专业 BIM 应用模式及特点，定义电网工程信息模型各阶段应用规程，包括工程不同阶段的典型应用、实施要求、应用内容与应用成果等要求，以确保 BIM 技术的电网工程全寿命周期应用。

（二）标准体系框架

标准体系框架中的基础类标准直接引用国家标准和行业标准，遵循国家与行业的基本原则和统一规范。数据类标准和执行类标准一方面继承国家及行业现行标准的相关规定，以保证业务体系的延续性和完备性；另一方面对部分标准进行细化和补充完善，以支撑基于电网工程全寿命周期的 BIM 技术应用。电网工程 BIM 标准体系框架如图 2-11 所示，图中加红框的代表核心支撑的标准。

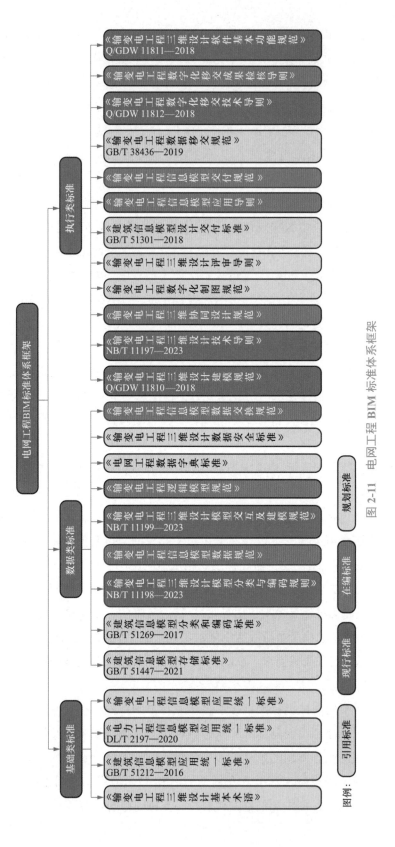

图 2-11　电网工程 BIM 标准体系框架

标准体系框架中 GB/T 51212—2016《建筑信息模型应用统一标准》、GB/T 51447—2021《建筑信息模型存储标准》、GB/T 51269—2017《建筑信息模型分类和编码标准》、GB/T 51301—2018《建筑信息模型设计交付标准》、GB/T 38436—2019《输变电工程数据移交规范》为国家级引用标准，作为电网工程 BIM 标准体系框架中其他标准编制的依据和原则。

标准体系框架对应国家 BIM 标准体系的三个层级分为基础类标准、数据类标准和执行类标准，下层标准可被上层标准引用和参考。其中数据类标准包括基础数据定义和数据接口相关的标准，应用类标准分为设计流程相关标准和管理相关标准。

电网工程 BIM 标准体系继承国际、国家 BIM 标准体系结构；兼容并扩展现行 GIM 标准中业务属性定义与几何表达，延续现有设计阶段工作模式，利用 GIM 标准指导业务数据梳理，将数据转为信息模型，并进行补充完善；基于国家标准 BIM 标准的原则性要求明确电网工程具体的业务数据语义与逻辑，以保证标准的落地应用；坚持自主与公开性原则，保证标准的行业适用性与自主可控。

通过电网工程 BIM 标准体系各层次关键要素标准的完善与扩展，构成标准体系的主体框架，打通电网工程全寿命周期数据，为实现数据生产、交换、成果管理、数据应用的全流程贯通奠定基础。同时，横向关联现行各阶段、各应用场景的业务标准、技术标准和管理相关标准，构成完整的电网工程 BIM 标准体系框架，使电网工程 BIM 数据产生更大的价值。

三、电网工程 BIM 标准

为指导电网工程的 BIM 技术应用，国家电网有限公司从建模、交互、编码、软件功能和移交等方面进行了规定。现行的行业标准、企业标准可以进行电网工程设计，促进了 BIM 技术的推广。在编与规划的标准将统筹考虑电网工程全寿命周期需求，在数据字典、交付要求、评审等方面对电网工程 BIM 标准体系持续完善。

（一）NB/T 11198—2023《输变电工程三维设计模型分类与编码规则》

1. 总体结构

NB/T 11198—2023《输变电工程三维设计模型分类与编码规则》由总则、术语、模型分类、编码通用规则、变电工程编码、架空线路工程编码、电缆线路工程编码、附录组成，如图 2-12 所示。该标准对 110（66）kV 及以上电压等级交、直流输变电工程三维设计的模型进行了分类，并制定编码规则，用字符、数字进行排列组合，实现各类模型的编码，分类及编码范围包括各系统、设备及部件，满足三维设计及后续建设、运行、维护等需求，是输变电工程开展三维设计、数字化设计软件开发中的指导性文件。

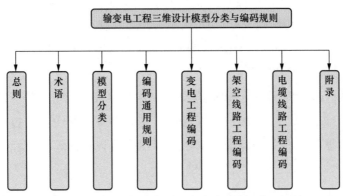

图 2-12 输变电工程三维设计模型分类与编码规则

2. 输变电工程模型分类方案

输变电工程三维设计模型应按照专业、系统、设备和部件四个层级分类。输变电工程各专业的系统、设备及部件模型按层级均划分为一级类目"大类"、二级类目"中类"和三级类目"小类"。

（1）变电工程。变电工程模型系统分类如表 2-1 所示。设备模型分类包括机械设备、电气设备、监控设备等。部件模型分类包括模块/组件/装置/服务器、开关类等。

表 2-1　　　　　　　　　　变电工程模型系统分类表

专业	大类	中类	小类
电气专业	交流电气系统	主变压器系统	主变压器、中性点设备等
		各电压等级配电系统	交流母线、交流断路器间隔等
		跨电压等级系统	公用部分、虚拟间隔等。公用部分包括照明配电箱、站区户外照明等设备；虚拟间隔包括一体化监控系统、时钟同步系统等
		接地和防雷保护系统	包括防雷过电压、接地等
	直流电气系统	换流变压器/连接变压器系统	换流变压器/连接变压器、中性点设备、附属设备等
		各电压等级直流配电系统	换流阀系统、直流滤波系统等
		接地极及站内金属地线系统	站内接地极系统、站外接地极系统等
		启动回路系统	启动回路系统
	站用电交流系统	各级站用电交流系统	站用电断路器间隔（开关柜）、站用变等
土建专业	建筑物	生产建筑物	主控通信室/楼、通信楼等
		辅助及附属建筑物	综合楼、水泵房等
	构筑物	生产构筑物	构架、防火墙等
		辅助及附属构筑物	围墙、大门等

专业	大类	中类	小类
水工及消防专业	给水系统	—	生活/绿化给水系统、工业给水系统等
	排水系统	—	生活污水系统、工业废水排水系统等
	冷却系统	—	换流阀/调相机外冷却水系统、换流阀/调相机内冷却水系统等
	消防系统	—	消火栓灭火系统、细水雾灭火系统等
暖通专业	通风系统	—	送风系统、排风系统等
	采暖系统	—	热水供暖系统、电暖器系统等
	空调系统	—	分体空调系统、多联机空调系统等
调相机热机专业	热机系统	—	调相机
		—	励磁系统
		—	间滑油集装装置
		—	汽轮机顶轴油系统
调相机热控专业	热控系统	—	调相机控制系统
		—	调相机主要仪表
		—	调相机外部的辅机冷却水系统、间滑油控制系统
		—	调相机化学除盐水处理控制系统
		—	调相机循耳水加药控制系统
调相机及换流站化学专业	化学系统	—	换流站除盐水处理系统
		—	换流站闭式水加药设备、控制系统
		—	调相机除盐水处理系统
		—	调相机加药设备

（2）架空线路工程。架空线路工程模型系统分类如表 2-2 所示。设备模型分类包括机械设备、电气设备、附属设备等，部件模型分类包括机械部件、金具等。

表 2-2　　　　　　　　　　架空线路工程模型系统分类表

专业	大类	中类	小类
电气专业	交流电气系统	各电压等级交流电气系统	相线系统
	直流电气系统	各电压等级直流电气系统	极线系统
	公用电气系统	光缆系统	OPGW 系统、ADSS 系统
		防雷和接地系统	地线系统、屏蔽线系统、接地系统、防雷装置
		监测及警示系统	在线监测系统、警示系统
结构专业	交流构筑物	各电压等级交流构筑物	杆塔系统
	直流构筑物	各电压等级直流构筑物	杆塔系统
	附属构筑物	登塔设施	自动攀爬机、电梯
		防护设施	杆塔防护设施、防护网、基础防护设施

（3）电缆线路工程。电缆线路工程模型系统分类如表 2-3 所示。设备模型分类包括电气设备、工井型式、附件等。

表 2-3 电缆线路工程模型系统分类表

专业	大类	中类	小类
电气专业	交流电气系统	各电压等级交流电气系统	相线系统
	直流电气系统	各电压等级直流电气系统	极线系统
	公用电气系统	光缆系统	光缆系统
		接地系统和防雷设备	接地系统、防雷装置
		照明及动力系统	照明系统、动力系统
结构专业	电缆通道	地上电缆通道	桥架
		地下电缆通道	隧道、排管、顶管、电缆沟等
	附属构筑物	附属构筑物	出入口、风亭
附属专业	通信及网络系统	隧道通信系统	语音系统
			广播系统
			无线系统
		网络系统	网络系统
	通风系统	通风系统	通风系统
	排水系统	排水系统	排水系统
	消防系统	消防灭火系统	消防栓灭火系统
			自动灭火系统
			灭火器材
		消防分隔系统	防火分隔系统
		消防报警系统	消防报警系统
	监测监控系统	电缆本体监控系统	分布式光纤弧温系统
			局部放电监测系统
			接地环流监测系统
		通道监控系统	智能机器人系统
			防外破和沉降监测系统
			视频系统
			安防系统
			门禁系统
			环境系统
		平台系统	平台系统

3. 输变电工程模型编码方案

编码依据模型分类原则进行，分为 0 级、1 级、2 级、3 级，其构成如下。

（1）变电工程。变电工程编码方案如表 2-4 所示。

表 2-4　　　　　　　　　　　　变电工程编码方案

分级序号	0级	1级				2级			3级	
分级名称	类型码	系统码				设备码			部件码	
编码构成	专业分类码	前缀号	系统分类码	系统附加码	系统编号	设备分类码	设备附加码	设备编号	部件分类码	部件编号
数据字符标记	G	F_0	$F_1F_2F_3$	F_4	F_n	$A_1A_2A_3$	A_4	A_n	$B_1B_2B_3$	B_n
字符类型	A	N	AAA	A	NNN	AAA	A	NNN	AAA	NN

（2）架空线路工程。架空线路工程编码方案如表 2-5 所示。

表 2-5　　　　　　　　　　　　架空线路工程编码方案

分级序号	0级	1级				2级			3级	
分级名称	类型码	系统码				设备码			部件码	
编码构成	专业分类码	前缀号	系统分类码	系统附加码	系统编号	设备分类码	设备附加码	设备编号	部件分类码	部件编号
数据字符标记	G	F_0	$F_1F_2F_3$	F_4	F_n	$A_1A_2A_3$	A_4	A_n	$B_1B_2B_3$	B_n
字符类型	A	N	AAA	A	NNNN	AAA	A	NNN	AAA	NNNN

（3）电缆线路工程。电缆线路工程编码方案如表 2-6 所示。

表 2-6　　　　　　　　　　　　电缆线路工程编码方案

分级序号	0级	1级				2级	
分级名称	类型码	系统码				设备码	
编码构成	专业分类码	前缀号	系统分类码	系统附加码	系统编号	设备分类码	设备编号
数据字符标记	G	F_0	$F_1F_2F_3$	F_4	F_n	$A_1A_2A_3$	A_n
字符类型	A	N	AAA	A	NNNN	AAA	NNNN

　　综上所述，该标准有效利用了科学手段和技术成果，兼顾了安全性与创新性原则，通过制定工程三维设计分类及编码规则，用字符、数字进行排列组合，实现对输变电工程中各类模型的编码，规范输变电工程三维设计模型的分类与编码标识，满足三维设计及后续建设、运行、维护等需求，实现工程建设和运行维护过程中信息可辨性和共享性，有效地提高了输变电工程数字化管理水平和运行水平。

（二）NB/T 11199—2023《输变电工程三维设计模型交互与建模规范》

1. 总体结构

NB/T 11199—2023《输变电工程三维设计模型交互与建模规范》由总则、术语、一般规定、模型交互、变电工程模型、架空线路工程模型、电缆线路工程模型、附录组成，如图 2-13 所示。将输变电工程根据类型分为变电站（换流站）工程、架空输电线路工程、电缆线路工程三种。该标准对输变电工程三维设计模型的交互规则和建模方法进行了统一，实现三维设计数据在不同软件、平台之间数据互通，并满足可编辑需求。交互规则包括三维模型文件格式、模型架构、存储结构、层级管理等技术要求，建模方法包括模型构建规则、图形几何信息细度和属性信息细度等要求。

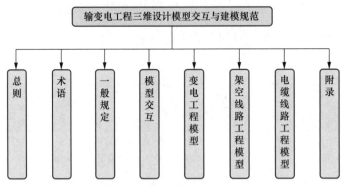

图 2-13　输变电工程三维设计模型交互与建模规范

2. 基本要求

NB/T 11199—2023《输变电工程三维设计模型交互与建模规范》提出了以下基本要求：

（1）输变电工程三维设计成果地理基于统一的坐标系和高程，坐标系采用 2000 国家大地坐标系（CGCS2000），高程采用 1985 国家高程基准。

（2）变电工程设备及安装材料的几何模型均采用基本图元进行构建和交互，土建及水暖系统的模型采用 IFC 进行交互，体现了标准的包容性。

（3）输电线路工程材料、设备、设施及交叉跨越物的几何模型采用参数化、基本图元或 *.stl 文件进行数据交互。

（4）逻辑模型包括电气主接线、二次系统接线、站用电系统接线等，逻辑模型文件的存储格式为 *.sch。

3. 三维设计模型文件存储结构

输变电工程三维设计模型文件的格式为 *.GIM，包括几何模型（*.mod、*.stl）、几何模型组（*.phm）、物理模型（*.dev、*.ifc）、组装模型（*.cbm）、逻辑模型（*.sch）、属性信息（*.fam 及其引用的逻辑描述文件 *.icd、*.ipd、*.cpd 等）及补充材料单（*.xml）。

模型文件（*.GIM）采用分层管理，每个层级所包含的模型、文件及逻辑符号应符合如图 2-14 所示的模型文件逻辑关系。

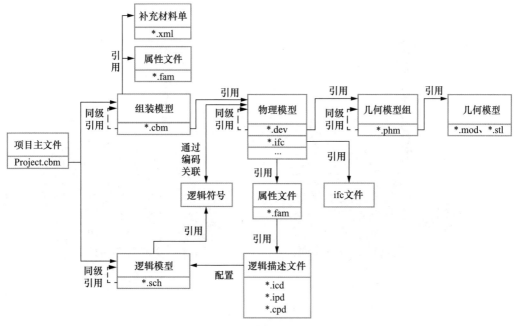

图 2-14　模型文件逻辑关系

4. 变电工程模型

变电工程模型层级按照工程、专业、系统（区域）、设备、部件层级分为五级，建模范围包含电气设备及材料、总图、建构筑物及其他设施、水工及消防和暖通模型。

变电站（换流站）工程模型按照设计阶段和模型应用要求分为通用模型和产品模型。通用模型主要描述工程建（构）筑物、设备、材料及其他设施等物理对象的最大占位外形尺寸和主要技术参数的模型。产品模型描述工程建（构）筑物、设备、材料及其他设施等物理对象的实际外形尺寸、接口、主要技术参数及附属信息的模型。

以变压器为例，通用模型仅需描述变压器的外轮廓，以显示其空间占位情况，如图 2-15 所示。

主变压器产品模型依据厂家图纸制作，储油柜大小高度、连接部位准确，套管带电体部位及均压环外形尺寸及定位准确，散热器主要连接管及支管建模，本体端子箱、爬梯、吊耳等部件或附属图元位置准确，外形相近，土建接口定位准确，如图 2-16 所示。

另外，三维设计模型可以通过连接附件文件的形式以完整表达工程设计内容，例如装配模型（包括设备材料安装、混凝土配筋、钢结构加工 / 放样等信息，包括以二维图纸表达的设备安装图、建筑做法详图等）、文字资料及可以独立调阅的设计内容。

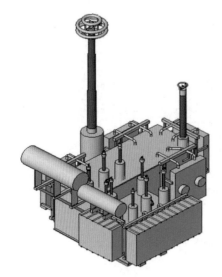 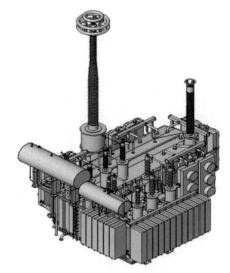

图 2-15　主变压器通用模型　　　　图 2-16　主变压器产品模型

5. 架空线路工程模型

架空线路工程模型层级按照工程、分段、耐张段、设备、部件层级分为五级。建模范围含导地线、绝缘子串、绝缘子、金具、杆塔、基础等材料及设备和其他设施等。

架空线路工程模型按照设计阶段和模型应用要求分为通用模型和产品模型两大类。

（1）通用模型适用于初步设计阶段。通用模型在初步设计阶段用途为表达输变电工程设备、材料、建（构）筑物及其他设施最大占位外形尺寸及主要技术参数的三维模型。通用模型在对象具体外形及属性不明确的情况下可根据设计深度要求进行适当简化。通用模型采用 *.mod 格式文件。

（2）产品模型适用于施工图和竣工图设计阶段。架空线路工程设备的产品模型是在通用模型基础上，明确了杆塔的安装底座、接线端子板的开孔信息。杆塔杆件、节点板、螺栓、挂线板、塔脚板、登塔设施、检修装置等信息。产品模型采用 *.mod 或 *.stl 格式文件。

以基础为例，通用模型仅需描述基础的外轮廓，如图 2-17 所示。

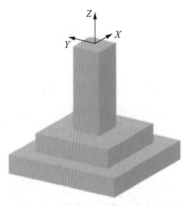

图 2-17　初步设计阶段基础模型

产品模型的基础外轮廓、与塔脚连接部分的模型采用参数化建模，可包含配筋模型，配筋模型采用 *.stl 文件，如图 2-18 所示。

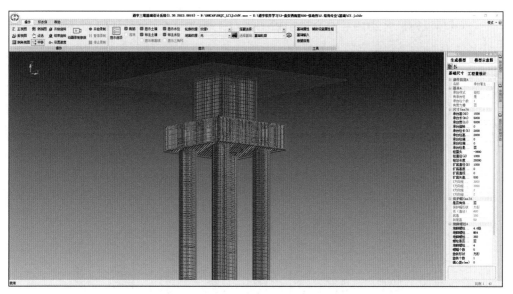

图 2-18　施工图阶段基础模型

6. 电缆线路工程模型

电缆线路工程模型层级按照工程、专业、系统、设备、部件层级分为五级。建模范围包含电缆线路工程的材料及设备、构筑物和附属设施等。

电缆输电线路工程模型按照设计阶段和模型应用要求分为通用模型和产品模型两大类。通用模型主要描述工程建（构）筑物、设备、材料及其他设施等物理对象的最大占位外形尺寸和主要技术参数的模型。产品模型描述工程建（构）筑物、设备、材料及其他设施等物理对象的实际外形尺寸、接口、主要技术参数及附属信息的模型。

7. 行业标准与企业标准的差异

国家电网有限公司企业标准中对输变电工程三维设计模型交互与建模方面的规定分为《输变电工程三维设计模型交互规范》《输变电工程三维设计建模规范　第 1 部分：变电站（换流站）》《输变电工程三维设计建模规范　第 2 部分：架空输电线路》《输变电工程三维设计建模规范　第 3 部分：电缆线路》四个独立的部分。其细化了输变电工程模型交互的规定和不同设计阶段三维设计建模的相关要求，按照初步设计和施工图设计两个阶段，分别规定了三维设计建模规定，对三维设计的开展具备更强的指导性和可操作性。

综上所述，该标准对输变电工程三维设计模型的交互规则和建模方法进行了统一，支撑三维设计数据在不同软件、平台之间数据互通。

（三）Q/GDW 11811—2018《输变电工程三维设计软件基本功能规范》

1. 总体结构

Q/GDW 11811—2018《输变电工程三维设计软件基本功能规范》由范围、规范性引用文件、术语和定义、总的要求、地理信息数据管理、变电三维设计软件功能、线路三维设计软件功能、协同设计功能、数字化移交功能组成，如图 2-19 所示。主要规定了三维设计软件的各专业三维设计、协同设计、输入输出、流程管理、自动校验等功能要求，对变电工程三维设计软件基本功提出了最小集要求，指导设计人员选用合适的设计工具。

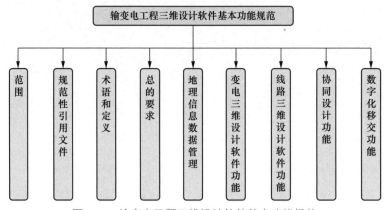

图 2-19　输变电工程三维设计软件基本功能规范

2. 基本功能要求

输变电工程三维设计软件基本功能如表 2-7 所示。

表 2-7　　　　　　　　　　输变电工程三维设计软件基本功能

分类	专业	基本功能要求
总的要求	—	（1）软件具有三维建模、专业计算、统计分析、数据管理等各种功能，可由不同软件工具提供。 （2）软件具有满足输变电工程三维设计需求的图形和数据处理能力，充分考虑计算机硬件及网络发展水平等
地理信息数据管理	—	（1）软件具有基础地理信息数据、电网专题数据、电网空间数据、输电线路通道数据、工程勘测数据管理的功能。 （2）软件应具有电网专题数据管理的功能，包括风、覆冰、污秽、地震、舞动、雷害、鸟害等区划数据等
变电三维设计软件	电气一次设计	（1）软件具有电气主接线设计功能，应通过调用设备图形符号方式快速完成主接线绘制，主接线元件应带有数据信息，具有数据信息的主接线应与三维布置模型保持对应关系并实现设备参数的联动更新。软件具有站用电系统设计功能，完成站用电系统设计。 （2）软件具有三维图形平台，可完成原理接线设计、实体建模，可在三维可视化环境下开展电气设备三维布置设计；可基于变电工程三维设计模型，抽取平面、断面并快速完成材料标注、尺寸标注和材料统计等

续表

分类	专业	基本功能要求
变电三维设计软件	电气二次设计	（1）软件具有二次系统设计功能，实现电气原理图的绘制和接线信息的存取，宜自动生成端子排图、光缆联系图、虚回路、网络结构示意图、电缆清册、光缆接线表和设备材料表等。 （2）软件具有二次设备布置设计功能，在三维可视化环境下，完成二次设备建模及布置等
	总图设计	（1）软件具有场地平整设计功能，能基于工程地理信息系统数据，快速完成场地平整设计、土方量计算（挖方量和填方量自动计算）。 （2）软件具有根据变电站场地平整设计结果生成数字高程模型的功能等
	建筑物设计	（1）软件具有参数化建模功能，能够快速建立建筑物三维布置模型。 （2）软件具有出图功能，能基于模型抽取建筑、结构专业平立剖面图纸并生成材料表等
	构筑物设计	（1）软件宜具有参数化建模功能，实现构筑物（如构架、防火墙、设备基础等）布置设计。 （2）软件具有出图功能，能基于构筑物模型抽取构筑物布置相关图纸并生成材料表等
	水工、暖通、消防部分	（1）软件具有参数化建模功能，实现全站水工、暖通设计、消防设计。 （2）软件具有出图功能，基于水工、暖通、消防设施模型抽取布置图并生成材料表等
线路三维设计软件功能	勘测专业	（1）软件具有加载工程勘测各专业数据的功能。 （2）软件具有基于数字地面高程模型生成线路三维场景的功能等
	电气专业	（1）软件具有在三维场景中进行路径规划、多路径方案比较和选线定位功能（包括手工或自动排位的功能），具有生成线路路径图的功能。 （2）软件具有输电线路通道内信息统计的功能，包括重要的规划区、环境敏感点、矿产厂区、交叉跨越和通道清理等数据，具有生成房屋拆迁图和林木砍伐图等图纸的功能等
	结构专业	（1）软件宜提供杆塔的模块化三维建模功能。 （2）软件具有基于杆塔三维模型的内力分析计算功能等
协同设计功能	—	（1）软件具有多专业协同设计功能，能实现专业内及各专业间的并行协同设计，包括原理接线设计的协同、三维布置设计的协同，并可实现异地协同和跨设计单位的协同。 （2）软件具有在线同步协同和离线异步协同功能等
数字化移交功能	—	（1）软件具有数字化移交功能，能按相关标准要求数字化移交资料包。 （2）在生成数字化移交资料包前，能够按照相关标准要求对移交数据进行一致性检查，检查通过后才允许生成数字化移交资料包

综上所述，该标准规范了输变电工程三维设计软件的各专业三维设计、协同设计、输入输出、流程管理、自动校验等功能要求，引导软件平台的开发方向，促进软件提供完善、便捷的设计功能。

（四）NB/T 11197—2023《输变电工程三维设计技术导则》

1. 总体结构

NB/T 11197—2023《输变电工程三维设计技术导则》由总则、术语、一般规定、模型类别、模型编码、设计协同、变电工程、架空线路工程、电缆线路工程和附录组成，如图2-20所示。该标准规定了110（66）kV及以上电压等级输变电工程三维设计基本规则、设计范围和深度，是输变电工程进行数字化设计的指导性文件。

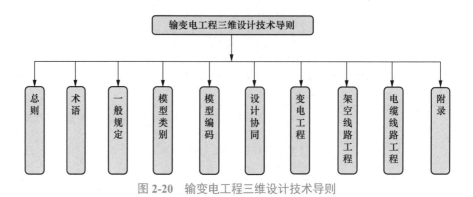

图 2-20　输变电工程三维设计技术导则

2. 主要内容

NB/T 11197—2023《输变电工程三维设计技术导则》将输变电工程根据类型分为变电站（换流站）工程、架空输电线路工程、电缆线路工程三种，每个部分根据不同工程类型的技术特点，提出模型分类体系，按照工程专业明确三维设计范围和深度要求，并针对地理坐标系统、高程、三维模型的单位和坐标系统，以及编码和设计协同提出基本要求，确保三维设计开展的标准化和规范化。

3. 模型类别

NB/T 11197—2023《输变电工程三维设计技术导则》明确了输变电工程模型构架体系和分类方法，模型按类别主要分为逻辑模型、物理模型和地理信息模型3大类。

逻辑模型宜包含电气主接线、电气二次接线、站用电系统接线等；物理模型包含建（构）筑物、主要设备和材料，以及其他设施；地理信息模型包含基础地理信息数据、电网专题数据、电网空间数据、输电线路通道数据、工程勘测数据。

变电工程、架空线路工程和电缆线路工程模型架构体系分别详见图2-21～图2-23。

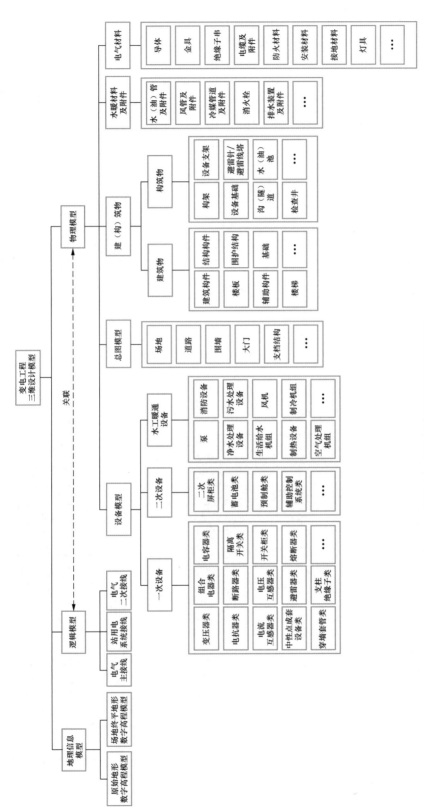

图 2-21 变电工程三维设计模型架构

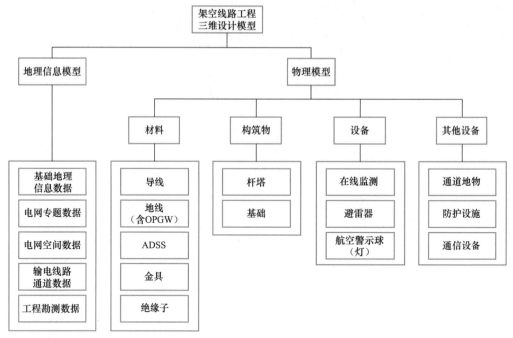

图 2-22　架空线路工程三维设计模型架构

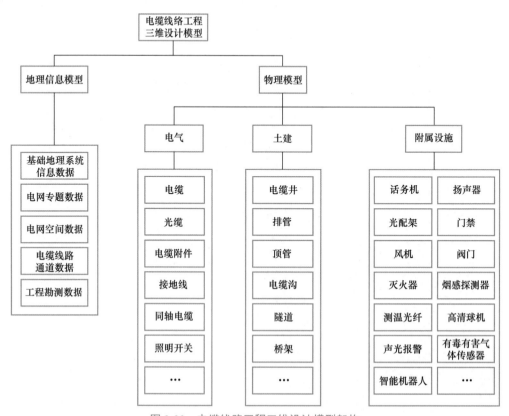

图 2-23　电缆线路工程三维设计模型架构

4. 三维设计范围

NB/T 11197—2023《输变电工程三维设计技术导则》按照专业分工分别规定三维设计范围和应用要求。

（1）变电工程。电气一次专业三维设计主要包括电气主接线、配电装置、站用电设备、防雷保护等内容，以及相应的逻辑模型和物理模型。

系统及电气二次主要包括二次设备室、蓄电池室、预制舱式二次组合设备等房间内的保护、控制、通信、计量、电源等屏柜或设备的三维布置设计。可根据工程实际需求建立电气二次接线等逻辑模型。

土建专业三维设计主要包括全站内的总图、建构筑物设计及其他设施模型等内容。

水工、消防及暖通三维设计主要包括主要设备、主干管道的物理模型，并完成空间布置设计等内容。

（2）架空线路工程。架空线路工程三维设计主要包括建立工程地理信息模型，完成路径方案规划及优选；建立导地线（含 OPGW）、ADSS、绝缘子金具串、防振锤、间隔棒等物理模型；完成导地线（含 OPGW）、ADSS 相关计算及平断面定位设计，建立杆塔、基础的三维模型，完成杆塔选型和基础选型等内容。

（3）电缆线路工程。电缆线路工程三维设计主要建立工程地理信息模型，完成路径方案规划及优选；建立电缆、电缆附件、夹具等物理模型，完成电缆相关计算、敷设设计、电缆接头区及工井中电缆布置设计、夹具设计等内容。

5. 行业标准与企业标准的差异

国家电网有限公司企业标准《输变电工程三维设计技术导则》分为变电站（换流站）工程、架空输电线路工程、电缆线路工程三个独立的部分，细化了输变电工程不同设计阶段三维设计深度要求，与行业标准主要差别如下：

（1）国家电网有限公司企业标准按照初步设计和施工图设计两个阶段，分别规定了三维设计范围和深度要求，对三维设计的开展具备更强指导性和可操作性。

（2）国家电网有限公司企业标准提出了通过三维模型提取二维图纸的目录和清单，对设计院开展三维设计提出了高层次的要求。

综上所述，《输变电工程三维设计技术导则》对各专业三维设计范围、深度和三维协同设计提出了明确要求，并规定了三维设计基本规则，发挥了基础性、指导性与引领性作用，有效促进了三维设计技术在输变电工程领域的应用和推广。

（五）Q/GDW 11812—2018《输变电工程数字化移交技术导则》

1. 总体结构

Q/GDW 11812—2018《输变电工程数字化移交技术导则》分为变电站（换流站）

工程、架空输电线路工程、电缆线路工程三个独立的部分。每个部分均由范围、规范性引用文件、术语和定义、缩略语、总则、一般规定、移交流程、移交内容、移交文件存储结构和移交成果审核组成，如图2-24所示。该标准对110（66）kV及以上电压等级输变电工程的初步设计、施工图设计和竣工图编制阶段数字化移交的流程、内容和审核方法进行了规定，是输变电工程在进行数字化移交过程中的指导性文件。

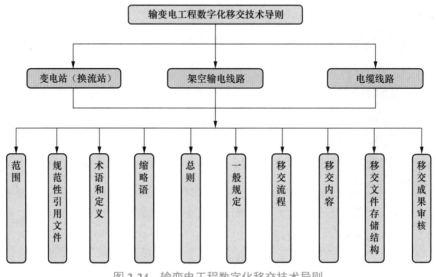

图 2-24   输变电工程数字化移交技术导则

2. 主要内容

Q/GDW 11812—2018《输变电工程数字化成果移交技术导则》根据输变电工程的类型分为变电站（换流站）工程、架空输电线路工程、电缆线路工程三种类型，每个部分根据不同工程类型的技术特点，从项目立项开始，经过各个设计阶段，满足电网工程数字化移交的实际需求和标准要求。主要内容如下：

（1）一般规定。对输变电工程在数字化移交工作中的合规性、准确性和通用性要求进行了详细介绍。工程数字化移交内容涵盖设计数据、设备、设施管理信息等各个方面。同时，还明确了地理坐标系统、高程、三维模型的单位和坐标系统，保障各专业间数据的准确性和规范性。此外，通过对编码和文档资料归档要求作出明确规定，确保数据的完整性和可追溯性。

（2）移交流程。主要介绍输变电工程数字化移交流程，设计单位在各设计阶段完成设计数据制作并数字化移交，同时明确不同阶段和参与方的责任。提出设备厂商、施工单位、调试单位、监理单位等需按照规定交付周期提交设备参数、试验和缺陷等数据。成果审核单位进行审核和反馈，并统一管理通过审核后的成果数据。

移交流程如图 2-25 所示。

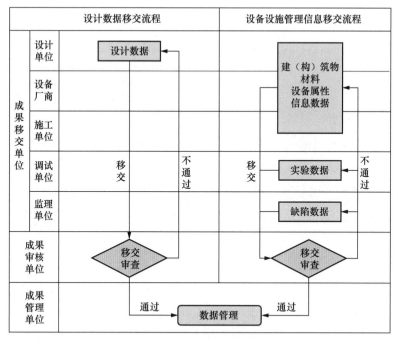

图 2-25 移交流程

（3）移交内容。数字化移交的交付内容包括工程地理信息、文档资料和 BIM 模型。工程地理信息涉及工程项目的地理位置及标定信息；文档资料包括变电站的设计文件、施工图纸及专题报告等；BIM 模型包括几何信息、设备参数、管线布置等关键数据。

（4）移交文件存储结构、格式与命名规则。规定了移交文件的存储结构、格式和命名规则，用以保障交付文件的组织性、可追溯性和一致性。

（5）移交成果审核。移交成果审核主要涉及对地理信息、模型深度和文档资料的检查和审查，以确保后续的工程运行和维护工作能够顺利开展。

综上所述，该标准有效利用了科学手段和技术成果，兼顾了安全性与创新性原则，提高了输变电工程数字化成果的质量和利用效率。对数字化移交流程，移交内容，移交文件存储结构、格式与命名规则加以规范，并对工程数字化移交管理进行了规范。

四、标准体系的完善与扩展

BIM 标准体系应具备良好的可扩展性，能够适应不同类型和规模的项目，支持数据交换和集成，同时，BIM 标准体系应随着行业 BIM 技术与应用的发展不断迭代更新，标准体系的完善与扩展包含以下五项内容。

（1）标准适应性扩展：BIM标准体系能够适应不同类型和规模的项目，包括各类工程项目、各阶段数据需求、各场景相关的技术标准要求，提供体系扩展方法，可在各层级进行不同的数据、业务、技术相关的BIM标准扩展。

（2）标准功能扩展性：BIM标准体系应该具备足够的灵活性和可扩展性，支持不同领域和专业的需求，并随着BIM技术的发展和应用的深入，支持对更多领域业务对象制定相应的数据模型。

（3）数据交换和集成扩展：BIM标准体系需支持与其他软件和系统的交换和集成，包括与现有的项目管理工具、ERP系统等，实现基于统一数据体系的协同工作。

（4）数据对象的可扩展：BIM标准体系需具备数据对象的可扩展机制，满足不同项目的特定需求，可以根据项目的需求添加或定制不同类型的构件、设备、材料等。

（5）版本管理和升级扩展：BIM标准体系需具备版本管理和升级机制，适应标准的演进和变化，同时标准需与行业发展保持一致，可对标准进行改进和扩展，使其更好地适应不断变化的市场需求和行业发展趋势。

小结

电网工程BIM标准体系以实现各阶段各专业BIM数据信息交换和互操作性为目标，基于国标的统一原则，细化了电网工程建设领域应用规则，在数据、流程、应用、工艺工序等方面根据实际应用需求逐步扩展，打通各应用环节之间的数据壁垒，解决直接采用国际标准和国标应用模式的标准覆盖度不够、专业化不强、缺乏落地性、标准关联度和实用性差等局限，通过一系列相互关联的标准形成一套完善的标准体系，并以标准化的实施和体系化的应用保证BIM技术能够切实落地。随着标准体系在应用实践中不断完善与扩展，它将对电网工程设计管理模式的转变、BIM技术产业价值的实现以及电网工程整体数智化转型升级产生深远影响。

第三章

电网工程 BIM 软件

BIM 软件是实现 BIM 技术应用的工具，是用户（工程项目各参与方）和 BIM 模型（数据信息的主要载体）间交互的"接口"，BIM 软件的功能和性能决定了工程项目全过程数据共享共用的效果和效率。BIM 软件贯穿工程项目全寿命周期，是设计、施工、运维管理各阶段实施数智化转型的重要抓手。

BIM 软件分为基础建模软件和应用软件两类。基础建模软件集成 BIM 图形引擎、建模机制、数据管理等基础功能，具备多行业各专业 BIM 应用软件和插件的二次开发能力，是 BIM 软件体系构建的基础。应用软件则是直接面向用户的软件，根据各类应用场景提供交互建模、分析设计和成果输出等功能。

本章主要介绍 BIM 软件分类方法、电网工程常用 BIM 软件及其功能特点，为软件选择等提供参考。

第一节　电网工程 BIM 软件分类

二维 CAD 绘图时代，单一软件即可满足工作需要，而 BIM 技术需要一系列软件相互支撑、协同工作才能实现，这也是 BIM 技术与传统 CAD 的区别。这一系列相互支撑的软件形成 BIM 软件体系，只有形成 BIM 软件体系，才能发挥 BIM 软件数据共享和协同工作的价值。

国内引用较多的建筑工程 BIM 软件分类方法有美国总承包商协会（Associated General Contractors of American，AGC）分类法和何氏分类法。

AGC 分类法将 BIM 软件分为初步设计和可行性分析软件（Preliminary Design and Feasibility Tools）、BIM 模型创建软件（BIM Authoring Tools）、BIM 分析软件（BIM Analysis Tools）、施工图和深化设计软件（Shop Drawing and Fabrication Tools）、施工管理软件（Construction Management Tools）、算量和造价软件（Quantity Take off and Estimating Tools）、进度计划软件（Scheduling Tools）、文件共享和协同软件（File Sharing and Collaboration Tools）。

何氏分类法由国内 BIM 专家何关培先生于 2010 年提出，他将 BIM 软件分为

BIM 核心建模软件、BIM 方案设计软件、具有 BIM 接口的几何造型软件、可持续分析软件、机电分析软件、结构分析软件、可视化软件、模型检查软件、深化设计软件、模型综合碰撞检查软件、造价管理软件、运营管理软件、发布和审核软件。

参考建筑工程 BIM 软件分类方法，结合电网工程的特点，将电网工程 BIM 软件按照支撑关系分为基础建模软件和电网工程应用软件两类。

基础建模软件是底层软件，是软件体系构建的基础。电网工程应用软件基于基础建模软件，在电网工程的各应用方向提供专业服务。根据项目各参与方应用 BIM 技术的阶段目的，电网工程应用软件包括 BIM 设计软件、BIM 施工管理软件、BIM 运维及管理软件。电网工程 BIM 软件体系如图 3-1 所示。

图 3-1　电网工程 BIM 软件体系

小结　BIM 软件是 BIM 技术在工程建设领域应用的重要支撑。本节主要介绍了 BIM 软件分类，以及电网工程 BIM 软件类型。

第二节　基础建模软件

基础建模软件是 BIM 软件体系最为核心的底层支撑平台，支持通用建模设计，可对模型进行精细化编辑，是最基础的核心组件。基础建模软件的关键能力包括几何造型、参数化建模、大规模场景高效渲染、数据互通等。目前，基础建模软件成熟技术高度集中在欧美发达国家，属于"卡脖子"的基础核心技术之一。随着国家对软件自主创新和信息安全的日益重视，越来越多的国内软件企业开始致力于自主研发国产基础建模软件。

国外代表性的基础建模软件有 Revit、MicroStation、CATIA 等，国内有 BIMBase、广联达数维设计平台、中望 BIM 平台、BIMHome 等。

一、国外基础建模软件

国外基础建模软件在几何造型和参数化建模等方面具有明显的优势。常用的国外基础建模软件如表 3-1 所示。

表 3-1　　　　　　　　　　　　常用的国外基础建模软件

序号	软件	开发商	软件特点
1	Revit	欧特克公司	功能最全，开发最早，应用最为广泛
2	MicroStation	奔特力软件公司	适用于建筑领域和基础设施领域，具有国际领先的三维能力、参数化能力与特征建模能力
3	CATIA	达索系统公司	支持 CAD/CAE/CAM 一体化集成，覆盖项目概念设计、详细设计、数据分析、可视化展示、模型协同、数据管理等全过程应用

（一）Revit

Revit 是结合了建筑工程、机电工程和结构工程的综合设计软件。Revit 以 BIM 技术为基础，具备全面的功能模块，能精准创建三维建筑模型，实现工程项目各专业和全流程的设计。Revit 具有以下核心特性。

1. 互操作性与集成化

为了实现项目团队成员间更高效地协作，Revit 支持一系列行业标准格式文件的导入、导出、链接，包括 IFC、DWG、DGN、DXF、SKP、JPG、PNG、gbXML 等格式。在软件集成方面，Revit 导出的 RVT 格式文件可与欧特克公司开发的其他 BIM 软件无缝兼容。在数据集成和软件集成双重支持下，Revit 实现了不同数据源和软件之间的互操作性，提高了设计过程的效率和准确性。

2. 双向关联

模型中任何一处发生变更，所有相关内容随之自动变更。Revit 参数化更改引擎可自动协调任意位置的变更，如模型视图、图纸、明细表、剖面或平面，从而最大限度地减少变更导致的错误和遗漏。

3. 参数化构件

Revit 提供了参数化构件库（也称族），设计人员可以在库中选择合适的构件并进行定制，加快设计速度并提高设计的一致性和精确性。

4. 协同共享

多个专业领域的 Revit 用户可以共享、共同处理同一 BIM 模型。

（二）MicroStation

MicroStation 是奔特力软件公司在建筑、土木工程、交通运输、加工工厂、离散制造业、政府部门、公用事业等领域解决方案的基础平台。MicroStation 是集二维绘图、三维建模和工程可视化于一体的解决方案，主要功能包括参数化要素建模、专业照片级的渲染和可视化，以及扩展的行业应用等。具有以下核心特性。

1. 三维建模

MicroStation 提供完整的三维环境和先进的特征建模技术，内置丰富的建模工具，如用户自定义线型、平行复线、关联剖面线和涂布、2D/3D 空间布林运算、抓点模式、参数化图元设计、关联尺寸标注、影像重叠显示与写入、复合曲线、属性搜寻 / 选取、NURBS、辅助坐标系统，还能连接资料库和材质库。MicroStation 功能界面如图 3-2 所示。

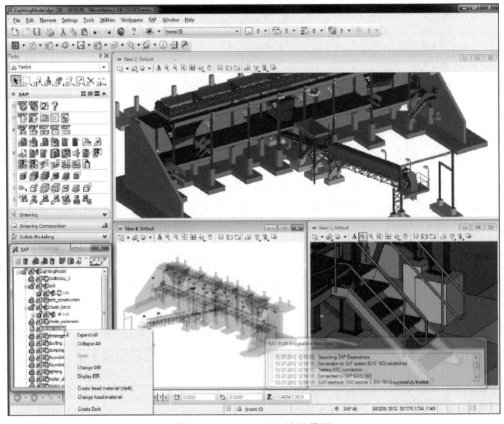

图 3-2　MicroStation 功能界面

2. 协同设计

MicroStation 提供多专业协同设计功能，各专业能够在统一的制图环境、统一的标准、统一的模板下进行协同设计。MicroStation 支持大文件和多用户的协作工作与管理，可以与奔特力软件公司的其他软件产品进行互操作，如可与结构产品 ProStructure、电气产品 BRCM 和 ProjectWise 平台无缝衔接。

3. 数据集成与系统兼容

MicroStation 支持多种文件格式，包括 PDF、U3D、3DS、Rhino 3DM、IGES、Parasolid、ACIS SAT、CGM、STEP AP203/AP214、STL、OBJ、VRMLWorld、SketchUp SKP、Collada、IFC 等，同时支持多种硬件平台和操作系统。

4. 支持大型项目

大型项目往往数据庞大且复杂，需要处理的信息涉及多个专业领域。MicroStation 能够在保证数据完整性的前提下减少数据冗余，提高数据管理和处理的效率，对大型项目的支持能力更强。

（三）CATIA

达索系统公司为工程行业提供项目全寿命周期服务，它开发的基础建模软件 CATIA 主要适用于工业领域。CATIA 具有以下核心特性。

1. 覆盖项目设计全过程

CATIA 是一个集成化的软件系统，从项目可行性研究、初步设计、详细设计到施工图设计，均能提供二维、三维设计解决方案。CATIA 将设计、工程分析及仿真和网络应用解决方案有机地结合在一起，为用户提供精准化的三维设计环境。CATIA 功能界面如图 3-3 所示。

图 3-3　CATIA 功能界面

2. 混合建模技术

CATIA 混合建模技术涵盖设计对象的混合建模、变量和参数的混合建模、几何与知识工程的混合建模三个层面。CATIA 能够实现实体和曲面的互操作性，并提供变量驱动及参数化能力。CATIA 还支持企业将前期建模经验通过知识工程的方式存储并在后期项目中复用。

3. 工程并行工作策略

CATIA 提供的多模型链接的工作环境及混合建模技术，支持运用工程并行工作策略开展设计工作。总负责专业只要将本专业基本尺寸及坐标数据共享，各专业设计人员便可并行开展本专业设计工作，既可协同工作，又不互相牵连。

4. 收敛几何建模器（CGM Modeler）

在三维建模方面，达索系统公司拥有自主的三维几何内核——收敛几何建模器（CGM Modeler）。收敛几何建模器支持精确、光滑的连续曲面，算法复杂，常用于参数化的造型设计，同时支持高度的数字化制造。

CATIA 软件由不同的功能模块整合而成，看似相互独立的每个模块间存在数据关联性，核心建模产生的设计变动能够被其他应用模块识别并自动产生相应的修改。即使在后期设计方案产生重大修改的情况下，CATIA 也能够较好地胜任，具备完备的项目全设计周期修改能力。

二、国内基础建模软件

面对当前错综复杂的国际环境，中国工程建设行业的发展必须解决完全依赖国外技术和软件的问题。"十三五"期间，国家相关部委在自主 BIM 技术方面立项了系列核心技术攻关项目，涵盖 BIM 三维图形引擎、BIM 平台和应用软件等，目的是尽快掌握自主可控的 BIM 核心技术，解决中国工程建设长期以来缺失自主 BIM 三维图形引擎，国产 BIM 软件无"芯"的"卡脖子"关键技术问题，实现关键核心技术自主可控。通过多年的持续攻关，以北京构力科技有限公司、广联达科技股份有限公司等为代表的开发商在国产 BIM 图形引擎技术等方面已取得突破，国产 BIM 图形平台已初具规模，并在民用建筑领域逐步取得认可。常见的国内基础建模软件如表 3-2 所示。

表 3-2　　　　　　　　　常见的国内基础建模软件

序号	软件	开发商	软件特点
1	BIMBase	北京构力科技有限公司	国内首款完全自主知识产权的基础建模软件，在大体量造型及复杂边界的几何运算等方面具有技术优势

序号	软件	开发商	软件特点
2	广联达数维设计平台	广联达科技股份有限公司	具有完全自主知识产权，支持全专业、全过程的数字化设计
3	中望 BIM 平台	广州中望龙腾软件股份有限公司	基于自主几何内核 Overdrive、拥有自主几何约束求解器技术，实现从概念方案到施工图的演进式设计
4	BIMHome	北京华科软科技有限公司	基于自主可控三维几何内核引擎，支持 Windows、Linux 及国产麒麟等操作系统，在输变电线路方向取得了良好的应用

（一）BIMBase

BIMBase 是中国建筑科学研究院下属的北京构力科技有限公司于 2021 年推出的基础建模软件，是国内首款具有完全自主知识产权的基础建模软件。BIMBase 为中国建筑行业提供了数字化基础平台，通过开放的二次开发接口，支持软件开发企业研发各种行业软件，逐步构建丰富的 BIM 国产软件开发生态，为行业数字化转型和国家重大工程的数据安全提供有力保障。

凭借几何引擎、显示渲染引擎和数据引擎，BIMBase 对于面向工程建设领域大体量造型及复杂边界的几何运算效率及稳定性优势显著，并且可实现二、三维大规模场景的高效绘制与渲染、全专业百万级 BIM 模型的流畅编辑与渲染显示。BIMBase 大尺度模型加载效果如图 3-4 所示。另外，BIMBase 提供自有数据格式，支持业务数据和标准的扩展，还提供了高效的数据读写存储格式，支持 BIM 模型的快速加载和卸载。目前，BIMBase 在建筑、电力和交通等细分领域已率先实现 BIM 核心软件国产化替代和升级。

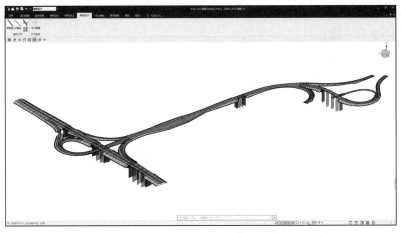

图 3-4　BIMBase 大尺度模型加载效果

在软件功能层面，BIMBase 提供通用建模、参数化组件、协同设计、数据转换、数据挂载、碰撞检查、工程制图、模型轻量、二次开发九大模块的功能应用。部分功能介绍如下。

1. 参数化建模

BIMBase 具备基本几何与参数化建模能力，用户不仅可以通过组件和通用等建模手段快速搭建 BIM 模型，还可以使用 Python 语言，通过参数驱动实现高效建模，满足特定的设计要求。

2. 数据挂载

BIMBase 在国内首创数据挂载机制，可以将相关业务属性数据与建筑元素关联，实现数据的一体化管理，以满足全寿命周期 BIM 模型的应用。另外，BIMBase 还支持通过自定义模板配置企业数据标准。

3. 碰撞检查

BIMBase 支持模型碰撞检查，能快速定位模型中的碰撞问题，并使用便捷的模型编辑工具对模型碰撞点进行快速修改优化，达到模型交付标准。BIMBase 在集成多专业模型碰撞检查时，与主流碰撞检查软件效率基本持平。

4. 数据转换

BIMBase 提供强大的数据转换功能，可以与其他平台软件或格式进行数据交换和共享，目前已经支持 rvt、skp、dgn 以及 ifc 等国内外各种主流文件格式。BIMBase 还提供常见 BIM 软件数据转换接口，并深度支持各类专业插件的开发。

5. 二维制图

BIMBase 支持二维制图功能，能够自动生成平面图、剖面图、立面图等，该功能包含二维绘图常用命令，如图层管理、标注样式、文字样式等，兼容 shx 型文件，为专业图纸绘制提供基础的 CAD 功能，并且与三维模型实现实时关联，确保"图 - 模"的准确性和一致性。

（二）广联达数维设计平台

广联达数维设计平台（Glodon Design Modeling Platform，GDMP）是具有完全自主知识产权的三维图形平台，于 2022 年发布并上市。

GDMP 几何建模能力强、系统开放、具有广泛的适应性，在工程建设领域，支撑设计、施工、运维等多专业的多场景、全链路的应用开发。目前，GDMP 在船舶、陆路交通、电力、水利等行业都取得了成功应用。GDMP 框架如图 3-5 所示。

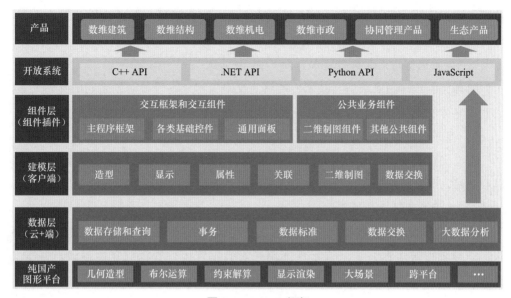

图 3-5　GDMP 框架

GDMP 的核心价值包括以下方面。

1. 完全自主知识产权

具有完全自主知识产权，更加安全可控，可有效助力国产化软件替代。

2. 高性能和高稳定性

底层图形平台经过市场化打磨，提升了性能和稳定性。

3. 适用面广、开放性好

支持灵活定制系统构件和交互行为模式，支持与主流 CAD 软件数据交换。高度可定制能力可满足各行业专业性需求。

4. 设计能力丰富

具备三维转二维、二三维联动、GIS 数据融合、构件级协同等设计能力。

5. 二次开发体系友好

具有多层次 API 体系，可支撑平台类、通用类及专业类产品的开发。

（三）中望 BIM 平台

中望 BIM 平台是在广州中望龙腾软件股份有限公司悟空平台的基础上首个应用落地的行业平台软件。中望 BIM 平台面向建筑行业，建立基于单一数据源基础应用框架，实现从概念方案到施工图的演进式设计，基于同一个平台打造全专业整体设计解决方案，涵盖建筑、结构、给排水、暖通、电气五大专业，建立多专业协同设计流程，实现全专业、全流程协同设计应用场景。其主要功能特性如下。

1. 自主几何内核 Overdrive

拥有自主几何内核 Overdrive，经过三十多年工业场景验证与打磨，可支持多种建模技术，实现高阶连续性、高精度、实体曲面混合建模，保证建模计算稳定性、正确性和高效性。

2. 自主几何约束求解器技术

拥有自主几何约束求解器技术，能够定义对象尺寸，设置对象之间的几何关系，输出几何对象的自由度、约束度，支持装配约束、机械约束、施工运动仿真等。

3. 高性能图形显示引擎

通过优化渲染算法，利用 GPU 硬件加速、多核并行等技术，开发出高性能图形显示引擎，可以适配超大体量的复杂建模场景，满足线性工程超大尺度的需求。

4. 基于云端的设计协同

采用客户端 / 服务端架构，将数据统一管理在服务端数据库中，提供私有部署、云端部署等多种方式，满足不同用户对数据管控、数据共享的需求。基于关系数据库对构件关联关系的管控，可以实现构件级协同服务，支持更细粒度的协同设计。

5. 参数化建模内核

依托 Overdrive 研发了高效稳定的参数化建模内核，支持特征历史建模、无序建模、类 CSG 建模等多种建模技术，能够满足多样化的建模需要，满足外形更复杂、更精细的建筑或机械设备设计需求。

6. 多专业一体化设计

提供建筑、结构、给排水、暖通、电气专业设计模块，提供二、三维一体化设计的工作模式，各设计模块内嵌建筑标准规范条文云库，实现设计过程中自动分析计算，有效提升设计质量和建模效率。

7. 二维 + 三维多成果交付

除提供常规二维制图功能外，还提供基于模型定义（Model-Based Definition，MBD）的三维数字模型标注功能，将建筑的几何尺寸、建造信息等工程信息 100% 表达在三维数字模型中，实现真正意义上的三维数字交付。

（四）BIMHome

BIMHome 是北京华科软科技有限公司以华科软三维图形引擎为基础开发的通用型建模工具平台。BIMHome 总体架构如图 3-6 所示。

华科软三维图形引擎是国产化自主可控的三维几何内核引擎，支持 Windows、Linux 及国产麒麟等操作系统，支持复杂几何特征模型的创建，提供点、线、面、体等几何对象的创建功能，以及布尔、扫掠、放样、蒙皮、倒角、拔模等拓扑操作，还可以进行对象关系分析、物理特性分析及几何分析，实现模型创建、纹理、光照、图元填充、渲染等图形操作，以及放大、缩小、旋转等动态操作。

图 3-6 BIMHome 总体架构

BIMHome 按照"共建共创、资源共享"理念，实现工程级设计专业内协同及各专业间数据协同，其基础功能如表 3-3 所示。

表 3-3   BIMHome 基础功能

功能项	功能描述
草绘平台	进行专业的草绘设计
参数化建模	在 0 代码可视化界面进行参数化建模
链接式装配	将不同构件或模型进行链接和组装
系统检查	包括碰撞检查、规则检查、标准检查等
属性统计	查看和分析模型的属性信息
族平台	支持族和模型的团队共享

小结

电网工程 BIM 软件体系中基础建模仍以国外软件为主导，但国产软件也在迅速发展，已逐渐迎头赶上。国产软件在基础建模，以及适应国内工作流程、标准规范和信息安全方面已经表现出显著的竞争力，能够满足国内多数项目的需求。

未来，随着国产软件的不断完善，电网工程的设计效率和数据安全性将显著提高。同时国产软件也将与国外软件开展良性竞争，推动国内外软件功能质量和服务水平全面提升，促进更多的创新和合作，为电网工程 BIM 技术应用带来更多可能性。

第三节　电网工程应用软件

电网工程应用软件主要分为 BIM 设计软件、BIM 施工管理软件和 BIM 运维及管理软件三类。电网工程应用软件以 BIM 技术为核心，满足设计、施工和运维管理等全寿命周期各阶段数智化需求，提高电网工程设计、施工质量，实现智能化管理。目前，除变电设计软件外，国内电网工程应用软件基本都是由国产软件占领主要市场，国产化水平较高。

一、BIM 设计软件

BIM 设计软件主要应用于可研设计、初步设计和施工图设计，支持三维模型与二维图纸的创建、展示、管理和输出。BIM 设计软件关键能力包含定义构件三维定位信息，基于模型生成符合国标的施工图与统计清单，多专业、多用户在线协同工作，导出通用格式数据等。主要应用场景覆盖创建模型、模型协同总装、方案比选、对接计算分析、生成施工图与统计清单、模型导出以及专业间协作、碰撞检查和仿真模拟分析等。

（一）变电专业

变电专业主流 BIM 设计软件包括 Bentley Substation、博超 STD-R、金曲变电三维设计平台、BIMBase-S 电力套件、中南院变电数字化设计平台等，有效支撑变电站、换流站等工程三维数字化设计。常见变电专业 BIM 设计软件如表 3-4 所示。

表 3-4　　　　　　　　　　常见变电专业 BIM 设计软件

序号	软件	开发商	软件特点
1	Bentley Substation	奔特力软件公司	以电气设备建模为核心，支持变电站全专业协同设计
2	博超 STD-R	北京博超时代软件有限公司	基于 Revit 图形引擎，满足变电站初步设计、施工图、竣工图编制要求
3	金曲变电三维设计平台	上海金曲信息技术有限公司	基于 Revit 图形引擎，满足国网、南网变电站三维设计系列标准
4	BIMBase-S 电力套件	北京构力科技有限公司	基于国产 BIMBase 平台，为变电站三维建模、协同应用、数字化交付提供一体化解决方案
5	中南院变电数字化设计平台	中国电力工程顾问集团中南电力设计院有限公司 / 上海欣电软件有限公司	基于 Revit 图形引擎，集设计和管理于一体

1. Bentley Substation

Bentley Substation 支持国家电网有限公司、中国南方电网有限责任公司三维设计标准，可对换流变压器、换流阀、避雷器、电抗器、电阻器、开关等输变电电气设备进行建模，快速完成设备布置，完成主接线，可实现设备编码，批量地对设备进行标注，自动生成材料表，快速完成设备定位尺寸标注、标高标注及安全净距标注，快速完成间隔的平、断面图，如三维布置图、间隔断面图、设备安装图、材料表等，进而完成项目工程量的统计。Bentley Substation 具有以下核心特性。

（1）全专业建模。涵盖电气、建筑、结构、暖通、水工、场地等全专业，提供电气设备、电缆布置、场地平整、场内外开挖和道路设计等功能，支持多专业碰撞检查和动静态安全净距校验。

（2）数据实时同步。依托数据库，设计数据在不同图纸间可实现动态同步，实现设备数据在三维布置图、间隔断面图、设备安装图之间共享和同步。基于通用设备模型库，项目设计更趋向于施工图深度的典型设计。在新项目设计时，可通过对设备型号的快速修改，由软件工具自动修改主接线图、布置图、间隔断面图中的设备信息，从而达到标准化、智能化设计的目标。

（3）精准的成本预算。基于三维信息模型与项目数据库，Bentley Substation 可以方便地实现精准的材料统计，按照整个项目、不同电压等级配电装置区域、某个间隔等范围来进行相应的材料统计，满足不同设计精度及深度的要求。

（4）多专业协同设计。各专业设计人员在三维可视化协同环境下，在初步设计阶段，基于项目布置设计基准点及通用设备模型库来快速完成模型布置、提资，在建模过程中充分地应用安全距离校验工具、碰撞检查工具来保证模型的正确性；在施工图设计阶段，可基于初步设计模型成果，充分利用软件的数图同步功能。变电站三维协同设计流程如图 3-7 所示。

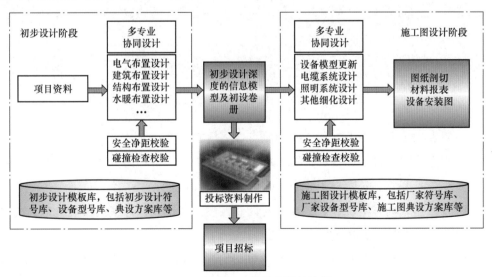

图 3-7　变电站三维协同设计流程

（5）二、三维关联。当完成变电站三维模型建模并进行校审后，可通过三维剖切技术抽取二维图纸。所获得的二维图纸与三维设计模型动态关联，当发生设计变更时，只需要在三维设计模型中进行调整，所有二维图纸都会自动刷新，不需要在平、断面图上进行手动调整。

2. 博超 STD-R

博超 STD-R 数字化变电设计平台可满足 35~1000kV 全电压等级的变电站可研、初设、施工图以及竣工图编制需求，实现三维设计成果的数字化移交。博超 STD-R 数字化变电设计平台架构如图 3-8 所示。

图 3-8　博超 STD-R 数字化变电设计平台架构

博超 STD-R 数字化变电设计平台具有以下核心特性。

（1）全专业三维协同设计。覆盖电气一次、电气二次、结构、建筑、总图、水暖等多专业，提供变电三维协同设计解决方案。

（2）数据驱动方案设计。结合通用设计方案，实现设计方案模块化管理，并采用数据驱动技术助力配电装置数字化设计。

（3）多专业自动化检核。在三维协同设计的基础上提供净距校核、防火校核、碰撞检查等精细化校核功能，提升设计质量。

（4）自动化出图。基于数字化模型，实现自动出图、联动更新，全面提升设计效率。自动出图标注示例如图 3-9 所示。

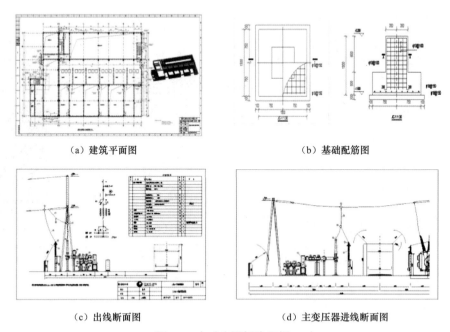

（a）建筑平面图　　　　　　　　　　　　（b）基础配筋图

（c）出线断面图　　　　　　　　　　　　（d）主变压器进线断面图

图 3-9　自动出图标注示例

（5）自动计算工程量。基于三维模型提取工程量，为工程造价提供新的参考模式，促进了工程造价的精益化发展。

（6）数字化移交。全面支持 GIM 相关标准，设计成果完全满足 GIM 的正确性和完整性。

3. 金曲变电三维设计平台

金曲变电三维设计平台是基于 Revit 图形引擎研发的一款 BIM 设计软件。平台满足国家电网有限公司、中国南方电网有限责任公司变电站三维设计系列标准要求，满足 35kV 及以上变电工程可研、初设、施工图设计、竣工图编制等阶段的三维设计、评审、数字化移交工作需要。平台由模型库、协同设计、专业计算、三维设计、规范智检、出图统计、数字化移交七大系统组成，总体架构如图 3-10 所示。

除了全专业设计、出图统计等功能外，金曲变电三维设计平台主要在以下方面进行了深化开发。

（1）智能辅控。内置有完整的智能辅控设备库，并可快速完成设备的自动布置、智辅设备保护范围的可视化自动检测预警、逻辑拓扑图的自动生成等，提高智辅系统设计方案的精确性和效率。

（2）设备参数化建模。基于对国家电网有限公司 GIM 标准的基本图元进行参数化处理，以最小的参数输入实现变压器、GIS、开关柜等主要一次设备的快速参数化建模，提高三维设计的效率。

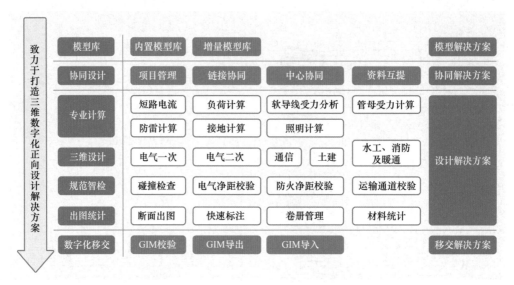

图 3-10　金曲变电三维设计平台总体架构

（3）通信工程。内置华为、中兴常用通信设备库，可基于二维操作界面实现通信机柜、通信设备、板卡、接口、业务信息的快速设置，并可基于接口与业务信息完成设备间的主要连线，支撑变电站通信工程三维设计工作及机房三维可视化运检工作的开展。

4. BIMBase-S 电力套件

BIMBase-S 电力套件是基于 BIMBase 开发的国产变电站三维设计系统，结合了构力科技自研的 BIMBase 和 PKPM 的专业结构计算能力。

BIMBase-S 电力套件提供了协同、电气、总图、建筑、结构、水工、暖通、照明、移交等全方位的变电三维设计功能，能够满足 35kV 及以上变电站工程在三维初步设计、施工图设计、竣工图编制以及数字化移交等各个阶段的需求。BIMBase-S 电力套件的主要功能如下。

（1）GIM 图元建模。底层数据中内置 GIM 基本图元，包括变电站和换流站所需的 25 种基本图元和 18 种型钢。

（2）"一模多用"共享模型库。基于局域网数据库，实现模型库共享，公共库与工程库的分离设计，保证设计的标准化与专业化。电力套件海量模型库如图 3-11 所示。

（3）全专业计算分析及快速建模。电力套件可提供全专业快速建模以及计算分析功能，包含便捷电气设备布置、全自动编码、快捷系统树定义、批量屏柜布置、预制化导线连接、专业构支架基础计算、土石方计算、防雷接地计算、管线碰撞等涵盖了变电站工程设计的多个关键方面，帮助设计人员提高工作效率，确保设计的准确性和质量。全专业建模计算能力展示如图3-12所示。

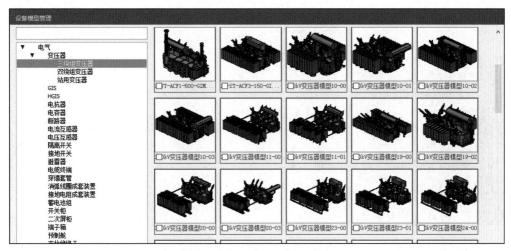

图 3-11　电力套件海量模型库

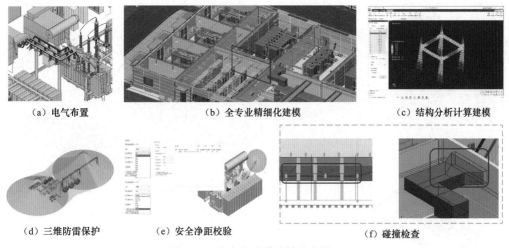

（a）电气布置　　　　　（b）全专业精细化建模　　　　　（c）结构分析计算建模

（d）三维防雷保护　　（e）安全净距校验　　　　　（f）碰撞检查

图 3-12　全专业建模计算能力展示

（4）自动设计图纸输出。电力套件通过自定义出图标注规则，构建三维设计成果与二维图纸的关联关系，实现电气总平图、综合断面图、区域平面图、间隔断面图和屏柜布置图、总图设施平断面、建筑平立面、结构节点设计图纸的自动出图，以及材料清册编制。电气出图统计展示如图3-13所示。

（5）全专业协同设计。基于文件链接技术，适配电网行业工作流程，提供文件级的协同机制；基于局域网协同服务器，专业内和专业间通过链接不同 P3D 文件满足参照以及合模需求；基于统一的工程数据库，共享数据、模型、编码、出图等标准，可有效提升设计效率，降低碰撞率。基于数据库的全专业协同如图 3-14 所示。

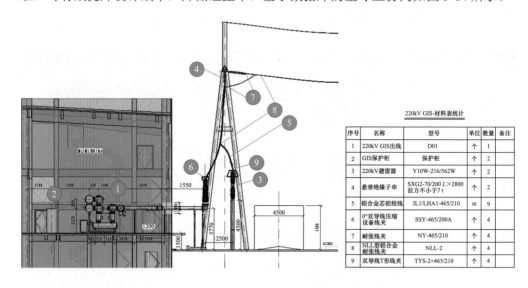

序号	名称	型号	单位	数量	备注
	220kV GIS-材料表统计				
1	220kV GIS出线	D01	个	1	
2	GIS保护柜	保护柜	个	2	
3	220kV避雷器	Y10W-216/562W	个	2	
4	悬垂绝缘子串	SXG2-70/200 L>2800 拉力不小于7 t	个	2	
5	铝合金芯铝绞线	JL1/LHA1-465/210	m	9	
6	0°双导线压缩设备线夹	SSY-465/200A	个	4	
7	耐张线夹	NY-465/210	个	4	
8	NLL型铝合金耐张线夹	NLL-2	个	4	
9	双导线T形线夹	TYS-2×465/210	个	4	

图 3-13　电气出图统计展示

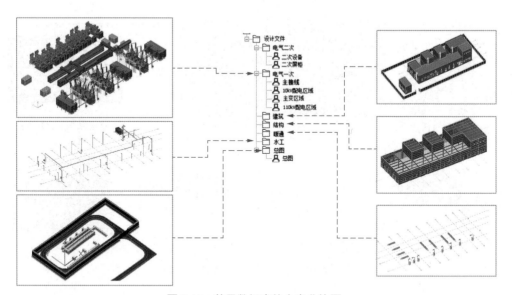

图 3-14　基于数据库的全专业协同

5. 中南院变电数字化设计平台

中南院变电数字化设计平台是中国电力工程顾问集团中南电力设计院基于 Revit 图形引擎自主研发的变电数字化设计平台。平台通过模型或文件的发布完成专业内外的数据贯通，实现全专业覆盖的协同设计，同时通过项目立项、项目启动、成员配置、项目策划、工作分解、校审等工作流程，实现设计项目的进度和质量管控。平台支持变电工程可研、初设、施工图设计、竣工图编制等不同阶段的数字化应用，包括正向设计、三维评审、数字化移交等。平台采用顶层架构设计，整体架构如图 3-15 所示。

图 3-15 中南院变电数字化设计平台整体架构

中南院变电数字化设计平台具有以下核心特性。

（1）适用所有变电工程业务类型。平台兼顾交、直流工程，既适用于户外变电站，也适用于户内变电站。

（2）全数字化基座。针对基础数据、管理数据、工程数据、规则数据、成品数据和其他数据六类用户需求数据，通过不同深度的关联及转换，实现了工程设计及流程管控的全数字化。

（3）全专业协同设计。具备变电工程所有相关专业开展协同设计的条件，实现电气、控保、总图、建筑、结构、水工、暖通等多专业应用的集成。

（4）数据贯通的正向设计。提供符合正向设计理念的数字化工作模式，实现设计输入、方案设计、布置设计、分析校验、成品生成、发布移交各设计环节的数据贯通。

（5）逻辑关系建模。基于数字化方式实现逻辑关系建模，解构电气主接线和控制保护系统，实现逻辑信息数据和接线图形双向驱动。平台的主接线和控制保护逻辑关系建模功能如图 3-16 所示。

（6）参数化建模。具有丰富的各专业模型库，并支持快捷的程序定制建模，满足不同深度的建模需求。参数化建模及协同布置如图 3-17 所示。

（a）主接线逻辑关系建模　　　　　　（b）控制保护逻辑关系建模

图 3-16　主接线和控制保护逻辑关系建模

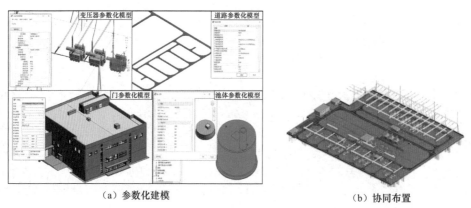

（a）参数化建模　　　　　　　　　　（b）协同布置

图 3-17　参数化建模及协同布置

（7）智能化设计。在建模和数据整合的基础上，集成多种计算和校验功能，为设计人员提供辅助决策、智能判定、检查校验等协助，具备一定的智能化设计能力。各类智能校验功能如图 3-18 所示。

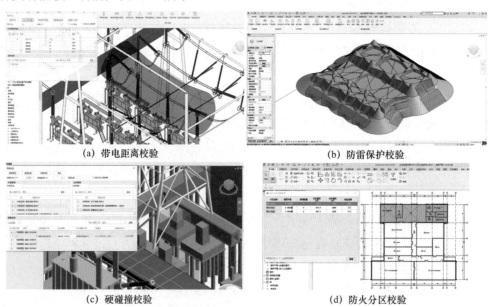

（a）带电距离校验　　　　　　　　　（b）防雷保护校验

（c）硬碰撞校验　　　　　　　　　　（d）防火分区校验

图 3-18　各类智能校验功能

（8）设计成果定制化生成。具备通用的快捷出图功能，并针对多专业不同出图需求定制开发出图样式和辅助出图工具，提升出图效率的同时，保持出图灵活性。

（9）数字化成果交付。输出的成果文件和数据能够满足国家电网有限公司、中国南方电网有限责任公司数字化移交的标准和规范要求。

（二）线路专业

线路专业主流 BIM 设计软件包括道亨智慧电网三维设计系列软件、博超 TLD、洛斯达输电通道三维设计平台、国遥输电线路数字化勘测设计系统、西南院送电线路一体化设计系统等，可有效支撑架空输电线路和电缆线路工程三维数字化设计。常见线路专业 BIM 设计软件如表 3-5 所示。

表 3-5　　　　　　　　　　　常见线路专业 BIM 设计软件

序号	软件	开发商	软件特点
1	道亨智慧电网三维设计系列软件	北京道亨软件股份有限公司	开发最早，功能全面，铁塔计算、基础计算、平断面设计、塔基配置模块在行业内应用广泛
2	博超 TLD	北京博超时代软件有限公司	满足各阶段多专业架空输电线路设计需求
3	洛斯达输电通道三维设计平台	北京洛斯达科技发展有限公司	基于海拉瓦技术构建输电通道三维环境，支持输电通道路径的精准优化
4	国遥输电线路数字化勘测设计系统	北京国遥新天地信息技术股份有限公司	采取合作开发模式，多为定制产品，在地理信息系统方面具有技术优势
5	西南院送电线路一体化设计系统	中国电力工程顾问集团西南电力设计院有限公司	支持二、三维一体化方案设计，在自动校核、智能排塔、电网架构逻辑驱动等方面具有技术优势

1. 道亨智慧电网三维设计系列软件

道亨智慧电网三维设计系列软件基于自主研发的图形底层，具有完全自主知识产权。系列软件基于多源地理数据、矢量参数模型构建三维仿真场景，面向勘测、电气、结构等专业，提供线路全业务的设计功能，包括路径规划、通道清理、杆塔排位、电气校验、结构计算等，可以满足可研设计、初步设计、施工图设计、竣工图编制等不同阶段的设计深度要求和数字化成果交付需求。

（1）三维线路设计平台。三维线路设计平台基于自主研发的数字地球（DHGlobe）、图形引擎（DH3D/DH2D）和算法库（DHAlgorithm），提供勘测、电气、结构等专业的一体化解决方案，平台架构如图 3-19 所示。平台功能涵盖勘测数据处理、方案规划、通道清理、杆塔定位、电气校验、结构设计等，设计成果可一键生成电网信息模型（*.GIM），满足能源行业相关标准及规程规范要求。

图 3-19　三维线路设计平台架构

（2）三维电缆设计平台。三维电缆设计平台支持电缆工程的参数化和几何建模，可基于结构化数据构建电缆工程三维空间场景，可视化展现电缆地上地下工程。平台包括电力电缆计算模块、电缆牵引力计算模块、电缆土建设计模块和电缆井精细化设计模块等，支持电缆设计各专业间数据实时共享、协同配合，并能实现设计、施工、运维的数据贯通，面向电缆工程全过程应用三维设计。平台部分功能示意如图 3-20 所示。

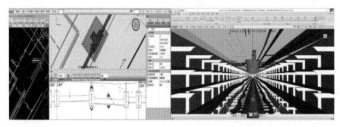

（a）电缆工程二、三维联动设计和三维场景漫游

（b）电缆井三维建模和二维成果读取

图 3-20　三维电缆设计平台部分功能示意

（3）三维杆塔设计系列软件。三维杆塔设计系列软件应用矢量参数化建模技术，实现杆塔三维模型的快速构建，杆塔类型包括桁架塔、钢管杆、混凝土杆。系列软件包含铁塔内力分析计算模块、钢管杆设计模块（含变电构架）、混凝土杆设计模块和铁塔智能放样绘图模块等，提供荷载计算、结构受力分析、自动化出图等设计功能，可实现铁塔设计、智能放样和生产辅助一体化。

2. 博超 TLD

博超 TLD 数字化输电设计平台基于自主研发的三维引擎 BcEngineX，以统一的数据管理、开放的平台架构为基础，以正向数字化设计为目标，提供地理信息系统下的精细化架空、电缆输电工程一体化设计解决方案。博超 TLD 广泛支持国家电网有限公司、中国南方电网有限责任公司企业标准以及行业标准，能够满足 35kV 及以上输电工程在三维可研设计、初步设计、施工图设计、竣工图编制以及数字化移交等各个阶段的需求。

博超 TLD 提供工程地理信息高效加载与管理、路径选线、杆塔排位、精细化设计、电气计算及校验、电缆设计、多专业协同等三维设计功能，具有以下核心特性。

（1）采用三维设计场景和二维设计视图自动双向联动，实现了分歧线路、π 接线等复杂工程设计，并支持利用精细化模型，开展空间三维校验。基于 TLD 的复杂线路设计如图 3-21 所示。

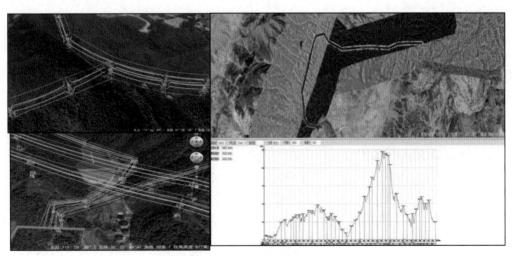

图 3-21　基于 TLD 的复杂线路设计

（2）基于三维设计成果可开展施工方案策划，实现三维设计成果在施工中的延伸应用，为施工人员全面掌控现场情况、制定精益化施工方案、实现施工过程可视化提供基础数据。基于 TLD 的三维校验如图 3-22 所示。

（a）房屋拆迁　　　　　　　　（b）林木砍伐　　　　　　　　（c）地线金具碰撞校验

图 3-22　基于 TLD 的三维校验

（3）地下电缆设计与架空输电线路设计在同一平台内完成，三维 GIS 数据互通互享。以三维数字化形式展现电缆姿态，可增强设计的直观性。地下电缆设计如图 3-23 所示。

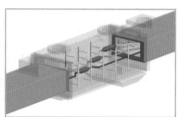
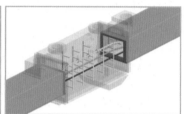

（a）架空引下电缆　　　　　　　（b）接头布置　　　　　　　　（c）吊攀布置

图 3-23　地下电缆设计

3. 洛斯达输电通道三维设计平台

洛斯达输电通道三维设计平台基于海拉瓦技术，借助卫星遥感、航空摄影、激光扫描、GNSS（全球定位系统）、三维建模、计算机视觉等技术手段构建输电通道三维场景，将各种地理信息数据与通道电网专题数据有机融合，支持在室内完成输电线路通道路径的精准优化。

平台主要应用于工程勘察设计阶段，在特高压工程、跨区联网工程，以及部分常规工程中应用广泛。平台的主要功能如下。

（1）路径优化。通过对路径走向进行综合判断，选定经济、合理的路径，缩短路径长度、减少改线、减少房屋拆迁和林木砍伐；提升平断面精度，减少现场工作量，推进工程顺利开展。通道优化流程如图 3-24 所示。

（2）平断面提取。利用立体模型和激光点云提取高精度三线断面、植被轮廓、房屋、交叉跨越、危险点等，不漏过通道内的每一个地形变化细节和微小地物，丰富平断面图内容。平断面提取实例如图 3-25 所示。

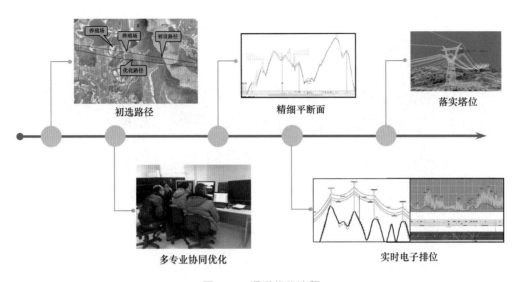

图 3-24　通道优化流程

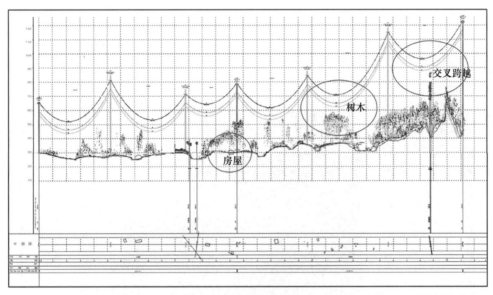

图 3-25　平断面提取实例

（3）线路三维设计及移交。在路径优化基础上基于基础地理数据、通道数据等集成专业的电气、结构设计软件，搭建输电线路三维设计环境，实现输电线路设计多种计算、分析与模拟，满足线路多专业协同设计及工程移交需求。输电线路三维设计平台界面如图 3-26 所示。

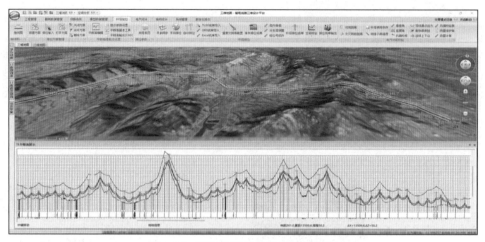

图 3-26　输电线路三维设计平台界面

4. 国遥输电线路数字化勘测设计系统

国遥输电线路数字化勘测设计系统为全过程数字化设计和成果管理提供了解决方案，功能包括规划选线、施工图设计、三维展示、数据管理和数字化成果交付等，可提高设计成果的可视性和成果交付的规范性。系统面向各专业提供以下主要功能。

（1）勘察专业。支持加载和管理各类地理数据，支持走廊数据调绘、移动端外业数据采集、路径平断面绘制、路径图出图、房屋分布图自动生成。勘察专业应用如图 3-27 所示。

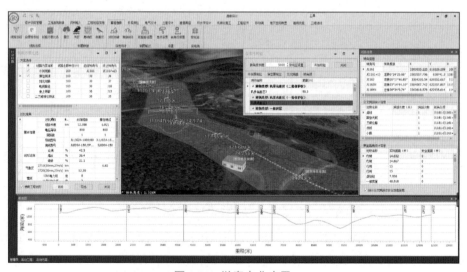

图 3-27　勘察专业应用

（2）电气专业。支持线路路径设计、移动端外业选线、杆塔规划、导地线选型、绝缘配合、排杆定位、电气计算、电气校核等。电气专业金具绝缘子组装实例如图 3-28 所示。

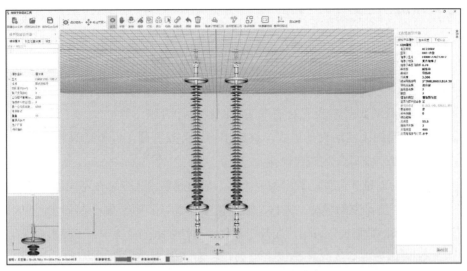

图 3-28　电气专业金具绝缘子组装实例

（3）结构专业。提供完整的杆塔和绝缘子串的典设模型库，支持杆塔设计、杆塔荷载计算、基础设计、基础长短腿配置。

（4）技经专业。支持一键生成工程量，进行工程造价预算。通过集成电力工程造价软件和统计工程材料量信息，实现快速准确的造价计算。

5. 西南院送电线路一体化设计系统

西南院送电线路一体化设计系统采用以数据为中心的系统架构理念，通过整合设计数据和功能，并引入专家系统和智能排位等智能化手段，在二、三维一体化方案设计、自动校核、电网架构逻辑驱动、数据统计和自动化文档等方面形成了技术优势，可为输电线路路径设计业务空间和时间进度的全过程服务。系统主界面如图3-29所示。

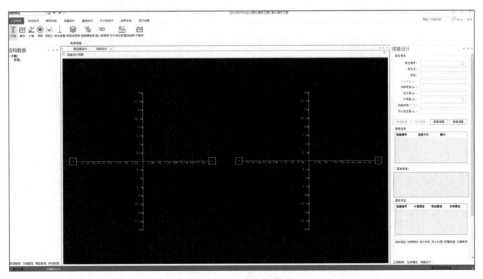

图 3-29　系统主界面

系统具有以下主要特点。

（1）采用数字化手段组织路径设计中多维影响因素，实现不同格式数据源的深度融合和特征抽取，形成路径规划设计的业务数据，并支持对无坐标信息的数据源进行动态校正。

（2）提出多维数据融合下的输电线路路径设计方法，建立二、三维路径方案、平断面排塔、明细表联动设计模式，进一步将业务数据同工程量信息相关联，为方案决策提供依据，实现方案迭代优化。

（3）构建面向设计过程的数据抽取方案。输电线路设计方案在不同设计过程中表现为平面路径、三维空间模型、表格、断面抽象模型等多种形态，系统创新性地构建了不同设计需求的数据抽取方案，在满足数据一致性要求的前提下，大幅提升易用性。

（4）结构化处理后的路径数据可以储存在服务器中，后续工程设计时可直接调用，提高数据的重复利用率，还可以进一步开展数据价值挖掘。

二、BIM 施工管理软件

BIM 施工管理软件可以帮助施工团队实现信息共享和协同工作，主要应用场景覆盖施工深化、施工策划、进度计划、施工模型合理性检查、施工组织方案模拟、施工进度计划多级管理等，对施工方提高施工效率、控制施工风险、优化资源利用和实现良好沟通具有重要支撑作用。目前，电网工程 BIM 施工管理软件主要以建筑行业的实际需求为基础，着重在进度和安全管理方面提供优质服务。BIM 施工管理软件可实现对施工进度和安全风险的实时监控与预测，有效减少工期延误和安全事故的发生；对复杂工艺进行模拟和优化，有效避免施工中的误差和冲突；通过数据协同和本土化服务，可实现项目参与方之间的高效沟通和团队协作，提高施工管理的效率和质量。常见 BIM 施工管理软件如表 3-6 所示。

表 3-6　　　　　　　　　　常见 BIM 施工管理软件

序号	软件	开发商	软件特点
1	洛斯达输变电工程智慧工地	北京洛斯达科技发展有限公司	辅助工程现场智能化施工和自主化监测管控
2	道亨输电线路施工全过程三维仿真模拟系统	北京道亨软件股份有限公司	通过模拟方案进行施工组织方案优化和现场施工实施细节方案的细化
3	广联达数字施工生产管理系统	广联达科技股份有限公司	与其他业务系统及各类业务数据库无缝整合

1. 洛斯达输变电工程智慧工地

洛斯达输变电工程智慧工地以电网工程 BIM 模型为载体，综合运用"大云物移智"等技术，构建工程现场综合管控系统。智慧工地由感知层、网络层、数据层、平台层、应用层组成，整体架构如图 3-30 所示。

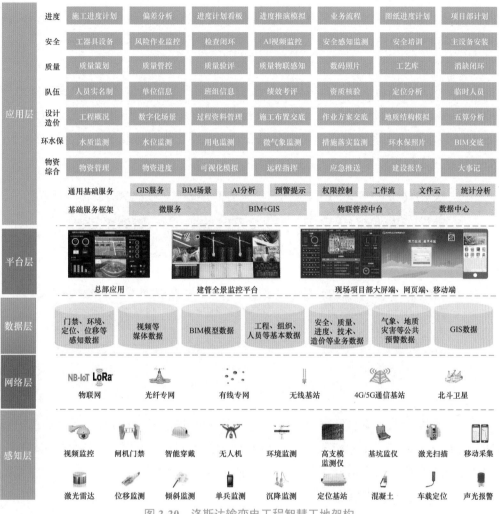

图 3-30　洛斯达输变电工程智慧工地架构

感知层通过"人、机、料、法、环"的全方位、立体式监控，自动采集工程建设过程中各类要素信息，建立多专业、跨地区终端统一接入管理的智慧物联监测体系。网络层采用光纤、无线等多种通信技术为数据传输提供安全可靠的网络基础。数据层主要是遵循标准数据模型，实现数据的统一存储和管理，提供数据服务。平台层主要支撑建设管理单位和现场项目部，包括监控平台以及现场大屏端、网页端、移动端。应用层主要实现进度、安全、质量、队伍、设计造价、环水保、物资综合等功能应用。

2. 道亨输电线路施工全过程三维仿真模拟系统

道亨输电线路施工全过程三维仿真模拟系统将云计算、大数据、物联网等信息技术与 BIM+GIS、虚拟现实（AR/VR）、北斗定位、远程会商等技术结合，面向电网工程施工全过程，通过施工组织方案优化和现场施工实施细节方案的细化，降低施工风险和工程投资。

系统主要包括以下功能模块。

（1）架空线路施工组塔模拟模块。架空线路施工组塔模拟模块提供施工场地精细化空间模型构建和轻量化展示方法，构建组塔机械化施工辅助技术支撑体系，实现 BIM 技术与施工现场的有效融合，提升输电线路工程机械化施工安全管控水平。架空线路施工组塔模拟模块如图 3-31 所示。

(a) 参数化控制　　　　(b) 吊装过程模拟　　　　(c) 安全距离校验

(d) 碰撞检测　　　　(e) 超重预警　　　　(f) 规范查询

图 3-31　架空线路施工组塔模拟模块

（2）牵张架线三维设计模块。牵张架线三维设计模块可针对架空线路施工关键环节进行施工模拟，基于线路三维设计成果，利用数字孪生、虚拟现实仿真等技术，构建多维信息模型，并制定基于 BIM 标准的多维信息模型应用方法，实现架空线路牵张架线环节的施工模拟应用。

（3）牵张放线智能监测模块。牵张放线智能监测模块利用自组网技术，结合传统张力放线工艺，实现张力放线设备集中控制和放线全过程可视化施工，打通牵张两场设备信息交互通道，提升线路工程施工安全水平。

（4）抱杆组塔智能监测模块。抱杆组塔智能监测模块通过基于无线微功率通信的智能传感器采集的数据，对电网基建工程施工现场进行监测，根据历史变化分析趋势及时预见隐患，保障工程建设的安全。抱杆组塔智能监测模块如图 3-32 所示。

（5）放缆智能监测模块。放缆智能监测模块整合电缆隧道内各类监测系统和分区管理前端智能设备，实现各类监测设备的物联互通、智慧传感，解决跨部门、多平台之间的信息互通与共享。

高精度传感技术　　低功耗控制技术　　低功耗广域通信技术　多节点自组网和边缘计算技术　　抱杆组塔安全监测设备

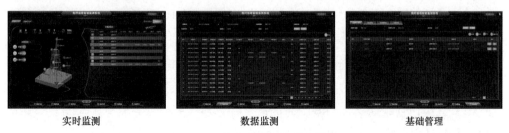

实时监测　　　　　　　　　　数据监测　　　　　　　　　基础管理

图 3-32　抱杆组塔智能监测模块

3. 广联达数字施工生产管理系统

广联达数字施工生产管理系统是利用 BIM 技术的可视化、参数化、集成化、模拟化等技术特性，结合物联网、移动互联网、云计算、大数据等先进技术手段，围绕一系列技术方法、数据标准、技术规范，建设形成的多方协同的现场施工管理系统。系统围绕人、机、料、法、环等关键要素，搭建多个应用子系统，同时可接入施工现场的其他应用服务，实现建造过程可感知、可预测、可科学决策，提高施工现场的生产效率、管理水平和决策能力，实现数字化、绿色化、智慧化生产和精益化管理，生产管理系统整体架构如图 3-33 所示。

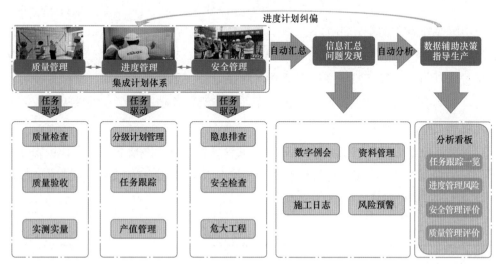

图 3-33　生产管理系统架构

系统的主要功能如下。

（1）生产业务全景。在进度管理模块中，通过自上而下打通总 / 月 / 周计划，建立计划支撑体系，基于稳定的建筑空间结构（模型），可随时了解下级计划编制情况，做到事中控制，审查并跟踪执行效果。

（2）施工组织设计策划。利用进度计划软件编制项目施工组织设计总计划，辅助项目从源头快速有效制定合理的进度计划，快速计算最短工期、推演最优施工方案，提前规避施工冲突，有效缩短工期、节约成本。

（3）计划编制。编制总计划时，可以编制双代号网络图，用更小的图幅展示更多的任务，关键路径清晰直观呈现，任务之间的逻辑关系直观具体，便于从全局角度对计划进行审视。提升进度计划合理性的同时，将 BIM 模型与进度信息关联，借助计划、模型间良好的关联性，自动提取各阶段所需资源量，精确到分部分项，形成物资需用计划。

（4）三级计划联动。计划编制完成后，将其导入系统，与模型流水段这一真实的建筑空间结构进行挂接，可将总计划拆解至月计划，落实到每周。

（5）计划跟踪。横向打通每周生产施工任务与实时记录，并通过有痕管理直接生成周报和施工日志，最大化发挥模型的效用，同时基于辅助模拟保障施工计划更加合理。

（6）生产分析。进度管理模块聚焦会议重点内容，自动生成会议资料，提升会议召开的效果和效率，减轻一线作业层的工作负担。

（7）生产决策。进度管理模块可生成二、三维作战地图，呈现现场进度详情，项目管理人员可宏观把控项目情况，为管理决策提供思路。

三、BIM 运维及管理软件

BIM 运维及管理软件用于对电网工程主体结构及设施设备进行数字化、可视化管理维护，主要应用场景覆盖建设管理、资产审核、故障检修、状态检修等。BIM 运维及管理软件一般支持设备基础管理，包括设备信息、维护事项、维护任务等的管理，并具有交付、盘点、数据维护、文件资料管理等功能，可以有效提高业主方的建管和运维工作质效。

目前，电网工程领域主流的 BIM 运维及管理软件包括洛斯达三维设计协同管控系统、输变电工程三维可视化管理系统等，可有效支撑电网工程的全寿命周期管理。常见 BIM 运维及管理软件如表 3-7 所示。

表 3-7　　　　　　　　　　常见 BIM 运维及管理软件

序号	软件	开发商	软件特点
1	洛斯达三维设计协同管控系统	北京洛斯达科技发展有限公司	面向电网工程设计环节，提供设计业务协同、过程管控及资源中心等功能
2	输变电工程三维可视化管理系统	北京构力科技有限公司	实现全过程、全专业、全寿命周期的三维设计数据深化应用管理

1. 洛斯达三维设计协同管控系统

洛斯达三维设计协同管控系统主要面向电网工程设计管理单位，基于统一数据基础和三维可视化工作环境实现在线协同，提升设计工作效率。系统可开展电网工程设计过程管控、设计成果管理、资源中心等方面的应用，主要功能如下。

（1）设计过程管控。基于三维可视化工作环境在线预览图纸、模型等设计成果，实现工程全局设计进度跟踪及质量检查。设计质量管理功能如图 3-34 所示。

图 3-34　设计质量管理功能

（2）设计成果管理。按时序完成数字化设计成果的自动积累，方便进行全过程资料管理。

（3）资源中心。支撑三维模型、规程规范、优秀案例等各类资源的管理，满足资源的录入、调阅、下载等应用。资源中心功能如图 3-35 所示。

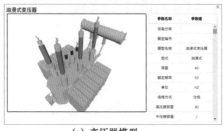

(a) 变压器模型

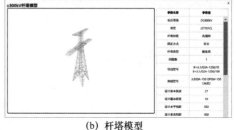

(b) 杆塔模型

(c) 标准规范

图 3-35　资源中心功能

2. 输变电工程三维可视化管理系统

输变电工程三维可视化管理系统主要为建设管理单位解决变电站三维设计成果应用问题。系统基于 BIMBase 平台，采用桌面端与网页端数据交互方式，为工程现场提供方便快捷 BIM 应用工具，高度适用开展施工管理工作，支撑计划进度、施工工艺、安全风险的管理。系统主要分为企业级（组织级）和项目级两个应用层级，企业级应用提供全项目共享的通用库，以及平台首页、项目列表等功能；项目级应用提供具体的建设管理功能，包括图纸、工具、进度、质量、安全、技术、技经等模块。输变电工程三维可视化管理系统功能模块如图 3-36 所示。

图 3-36　输变电工程三维可视化管理系统功能模块

系统的核心特性如下。

（1）模型库。系统已建设完备的模型库，包括电网设备 GIM 模型库 [见图 3-37（a）]、输变电工程标准工艺库 [见图 3-37（b）]、穿跨越组件模型库等。系统支持多个 GIM 模型与地物地貌大场景融合，可调整场景的显示效果、渲染方式、存储策略，具备快捷流畅、清晰逼真的模型调度响应。

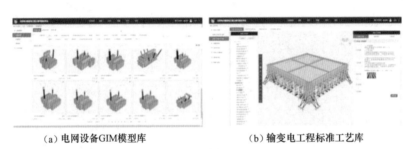

（a）电网设备GIM模型库　　　　　　（b）输变电工程标准工艺库

图 3-37　各类模型库

（2）管理工具。提供集成工具、引流线工具以及 GIM 审查工具等管理工具，方便进行项目文档管理、场景及汇报编辑。

（3）GIM 模型。系统支持 GIM 模型解析、三维重建、质量检查，具备 GIM 模型的管理能力。

小结

电网工程应用软件为各专业应用场景提供专业建模、分析设计、施工模拟、过程管控以及协同共享等功能，全面满足设计、施工和运维管理三个阶段的 BIM 技术应用需求。电网工程 BIM 应用软件通过协同化作业、可视化管控、智能化运维，为电网工程的设计、施工、运维管理提供了强有力的支持，推动着电网工程数字化和智能化转型。

第四章

电网工程 BIM 设计应用

电网工程 BIM 技术的应用带来了设计模式的变革，表现出数据标准化、设计平台化、全流程管控等特征。数据标准化包括基础数据和成果数据的标准化，实现不同设计软件、不同设计阶段间数据的交互和协同。设计平台化是指各专业依托统一BIM 平台，进行模型和数据的交互和共享，确保各专业、各环节数据的一致性，从而实现高效、优质的设计协同。全流程管控即通过数字化手段加强设计过程的全流程管控，保证数据的有效性、一致性，提高评审效率，助力工程设计整体质量提升。

本章首先介绍开展电网工程 BIM 设计的基础工作，包括 BIM 设计策划与协同设计，然后从变电设计和输电设计两个方面介绍 BIM 设计的实施流程，最后介绍基于BIM 技术的数字化评审，为提升电网工程 BIM 设计模型在全寿命周期应用水平提供了新的思路。

第一节　电网工程 BIM 设计基础

BIM 设计并非简单地构建三维模型，而是以三维模型数据为核心驱动工程建设全过程数字化技术集成应用。BIM 设计改变了传统工程设计流程和模式，其中 BIM设计策划与协同设计等前置工作是实施 BIM 设计的基础。

一、BIM 设计策划

BIM 设计策划直接影响 BIM 技术在设计阶段的应用成效，主要包括 BIM 技术应用范围及深度、团队及职责、基础数据与应用软件、协作流程、实施计划等方面。BIM 策划工作框架如图 4-1 所示。

（一）范围及深度

电网工程三维设计系列规范中，对设计各阶段 BIM 技术应用的范围及深度做了明确要求。在工程设计具体实施时，策划文件中应对范围及深度进行细化，使各参与方对 BIM 技术应用方式及相关工作内容有清晰的认知。

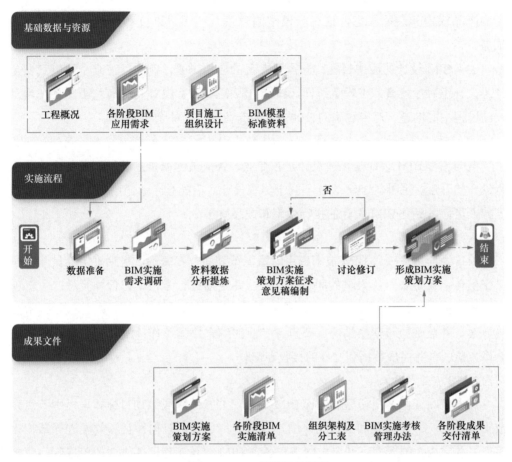

图 4-1 **BIM** 策划工作框架

电网工程 BIM 技术应用的范围及深度可按工程项目阶段进行策划，一般分为全寿命周期应用、阶段性服务和个性化专项三类。

（1）全寿命周期应用：整体策划电网工程 BIM 技术应用，在工程规划、设计、施工、运维等全寿命周期各阶段应用 BIM 技术。

（2）阶段性服务：选择电网工程全寿命周期中某些阶段应用 BIM 技术。

（3）个性化专项：选择电网工程中特定专业、特定区域，或重点任务专项应用 BIM 技术。

确定电网工程 BIM 技术应用的范围和深度，一般应包括以下内容。

（1）参与 BIM 设计的各专业建模对象范围。例如，变电工程包括电气、土建、水工及消防、暖通、调相机等相关专业模型；架空线路工程包括电气、结构专业模型。

（2）各 BIM 建模要求包括几何信息细度等级和属性信息细度等级。NB/T

11199—2023《输变电工程三维设计模型交互及建模规范》将 BIM 模型分为通用模型、产品模型和装配模型，这三类模型的建模几何信息细度和属性信息细度逐步加深。

（3）BIM 设计的应用目标，即需要实现的应用场景。例如，三维空间电气安全净距、管道碰撞检查，工程量统计，图纸出版等。明确 BIM 目标有利于团队在项目实施过程中的沟通，对未明确的设计内容各专业应自行补全和完善。

（二）团队及职责

电网工程 BIM 设计是正向设计，各专业、各成员间职责划分清晰有利于整体工程设计的开展。另外，BIM 设计不同于传统设计，需配置专业的信息化和 BIM 技术支持人员，以提升 BIM 设计的执行效率和成品质量。

1. 项目经理

项目经理负责项目 BIM 技术应用的组织策划和方案编制，包括确定人员分工和工作安排，规定各角色人员的职责与权限，并定期进行考核、评价和奖惩；负责项目 BIM 技术应用相关标准、制度、措施的建立和实施；负责审核项目 BIM 技术实施方案，并监督检查落实情况；负责各专业的综合协调工作；配合业主及其他相关合作方检验，并完成数据和文件的接收和交付。

2. 各专业负责人

负责按照工作范围和深度进行 BIM 设计，并按照阶段策划目标和里程碑节点完成工作任务；开展专业间的数据协同，以及模型总装；对构件资源数据进行结构化整理，并完成数据入库；开展电网工程各项 BIM 校核工作，并生成校核报告；负责图纸生成，并在发生变更时保证图模一致性；基于三维模型开展各项指标的统计与分析等。

3. BIM 数据及技术支持人员

负责收集和整理各部门、各项目的构件资源数据，模型、图纸、文档等项目交付数据；承担新员工的 BIM 技术应用流程、制度、规范以及 BIM 软件应用的培训；负责 BIM 相关数据库和平台系统的运维和检修，负责解决 BIM 软件在使用过程中出现的技术问题及故障。

（三）基础数据准备

通过建立 BIM 基础数据库，可以为 BIM 设计提供重要的基础数据支撑和高质量的标准化数据。在保证数据一致性和准确性的基础上，通过集成多数据源及多种格式的设计数据，能有效提升设计效率和协同工作能力。

1. 基础地理信息数据

基础地理信息数据包括影像数据、数字高程模型、基础矢量数据等。

（1）影像数据。影像数据是对航空或航天相片进行数字微分纠正和镶嵌，按一定图幅范围裁剪生成的数字影像集，一般通过遥感、航空摄影测量、激光雷达测量等技术获取。数字正射影像和多分辨率影像融合实例分别如图 4-2 和图 4-3 所示。

图 4-2　数字正射影像实例

图 4-3　多分辨率影像融合实例

（2）数字高程模型。数字高程模型是用一组有序数值阵列形式表示地面高程的一种实体地面模型，常与数字正射影像配合构建地理信息三维场景，一般采用航空摄影测量、激光雷达测量、全站仪、勘测等技术手段获取。在电网工程中，多用栅格数据来表达数字高程模型。栅格高程数据（见图 4-4）就是将空间分割成有规律的网格，每一个网格作为一个单元，在各单元上赋予相应的高程值。在三维设计软件中，可以将栅格高程数据渲染为三维地形模型（见图4-5）。

图 4-4　栅格高程数据

图 4-5　三维地形模型

（3）基础矢量数据（见图4-6）。基础矢量数据是按地理信息要素分类的数据，包括行政区划、地名、居民地、交通、水系、植被分布、农林用地等基础数据。一般可从各种公共地理信息系统矢量数据库下载，或利用各种定位仪器设备采集、通过纸质地图数字化得到。

图 4-6　基础矢量数据

2. 电网空间与电网专题数据

电网空间数据反映的是电网现状与规划空间分布情况，包括各类发电厂（场）站、线路、变电站、换流站、开关站、串补站等位置信息。

电网专题数据包括污秽区、气象区、覆冰区、雷害区、鸟害区、规划区、自然保护区、军事区、林区、建筑群、铁路、公路、河流、线路、管线等重点区域、交叉跨越及标注数据。

此外，输电线路通道数据应包括线路通道范围内重要的产业规划区、环保水保、矿产厂区等区域及交叉跨越数据，其中交叉跨越及通道清理等方面的数据为矢量数据。

电网空间与电网专题数据按照专题数据类型进行分类组织管理，每类专题数据含背景要素、专题数据要素及图例等要素内容。

3. BIM 基础模型数据

以变电工程和输电工程为例。变电 BIM 基础模型数据包括电气设备（变压器、隔离开关、断路器、互感器、电容器等）、站内建筑基本构件（门、窗、墙等）等模型。输电 BIM 基础模型数据包含导地线、绝缘子串、绝缘子、金具、杆塔、基础和交叉跨越物等模型。

BIM 模型应该包括三维模型及附加属性，符合设计规范要求，满足工程设计条件，符合数字化移交标准，同时可涵盖设计、施工及运维所需的相关参数。

BIM 基础模型数据一般以文件模式存储于设计协同平台的后台服务器中，各专业按照权限使用。

4. BIM 模板

BIM 模板是电网工程 BIM 设计使用的关键工具之一，它是一个预定义的文件或设置，用于规范和标准化电网工程的信息模型，以便各参与方可以更有效地协作、管理和交换模型数据。

大部分 BIM 设计软件都提供了 BIM 模板功能。在具体实施中，各专业要明确本专业的 BIM 模板。

5. 模型分类与编码

编码系统建设是支持工程全寿命周期数据应用的基础。BIM 设计过程中，充分考虑工程模型的分类与编码，构建 BIM 模型结构树，是 BIM 设计的一个关键点。一套好的编码系统不仅要考虑各专业设计过程的数据需求，还要考虑到全寿命周期中可能应用到的编码颗粒度及内容。

在电网工程 BIM 设计策划阶段需要确定 BIM 设计的模型编码及物料编码要求。NB/T 11198—2023《输变电工程三维设计模型分类与编码规则》对电网工程各对象的编码进行了详细的规定；通过制定编码规则，及用字符、数字进行排列组合，实现对工程各系统、设备以及部件模型的编码，并满足 BIM 设计及后续建设、运行、维护等需求。同时，BIM 软件平台也应提供智能化的编码方法，以提升编码方案对设计的指导性。

（四）设计基本约定

BIM 设计基本约定是项目实施、管理和控制的保障，主要包括以下内容。

（1）明确模型的坐标系、原点和度量单位。当采用自定义坐标系时，应通过坐标转换实现模型集成，同时还应规定模型坐标系与地理信息系统坐标系的转换关系等。

（2）制定模型元素的分类、编码和命名规则。应符合相关标准的要求，并统一模型元素信息的命名和格式。

（3）明确各参与方模型数据交互格式，包括文件格式、类型、版本、辅助性说明文件内容要求等。

（4）软件版本控制。软件版本控制主要是实现团队内的软件类型和版本的统一，以及版本追溯等，从而减少了不同专业的数据格式转换的工作量，降低数据转换中丢失的风险。软件版本控制需要包含应用专业、软件名称、版本号、数据存储格式等信息。

（5）设计协同平台权限控制。明确各参与方在设计平台上修改、查看数据，以及维护基础数据等权限。

二、BIM 协同设计

BIM 不是一个三维模型，一个具体软件，而是一种以三维模型数据为核心驱动的集成应用，也是一种流程、一种技术和工程建设的理念。电网工程 BIM 设计的实施需要依赖几十种软件的相互协作，有些用于三维建模，有些用于专业计算，有些用于原理数字化设计，有些用于三维成果展示，还有一些用于造价分析等，这些软件在统一的 BIM 协同平台中集成应用尤为重要。集成应用的关键是所有软件都能依托BIM技术，采用统一的交互原则，在共享数据环境下，完成多参与方的数据交互，实现数据的全过程贯通和深化应用。

统一的 BIM 协同平台能够集成诸多不同专业软件的数据，其最根本、最核心的技术是三维图形引擎，这是 BIM 技术应用过程中最重要的资源和应用基础。目前行业内实现 BIM 设计，主要通过统一的 BIM 协同平台构建共享数据环境，实现数据的集成与交互；依托三维图形引擎，完成模型的整合与集成；通过双向数据接口，达成多专业工具软件数据贯通与传递，最终实现 BIM 数字化成果的统一输出。

（一）统一的 BIM 协同平台

目前，电网工程 BIM 设计是以统一的 BIM 协同平台为核心，各专业设计软件通过可交互的数据传递构建共享数据环境，实现多参与方全专业数字化协同设计，变电和输电 BIM 协同平台架构分别如图 4-7 和图 4-8 所示。统一的 BIM 协同平台主要有集成三维布置设计、模型精细化校核、多专业模型总装等功能，实现工程的模型协同、过程管控、文件管理、数据管理，统一进行 BIM 数据与其他专业工具的数据交互。

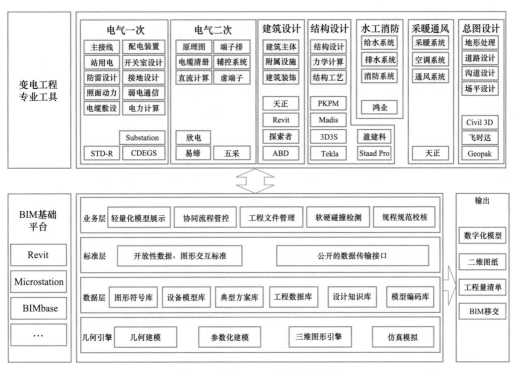

图 4-7 变电 BIM 协同平台架构

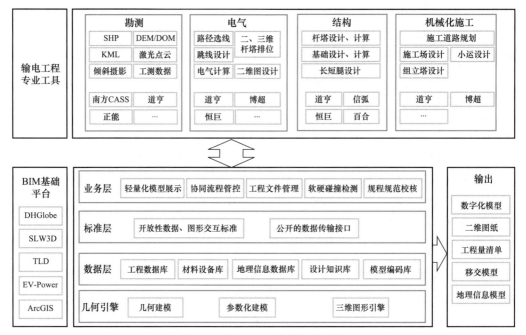

图 4-8　输电 BIM 协同平台架构

统一的 BIM 协同平台应具备以下特征。

1. 不同软件数据互通与接口集成

统一的 BIM 协同平台按照统一的图形、数据交互规范，构建安全可靠的共享数据环境，实现不同设计软件的 BIM 建模成果和工程数据的接入与展示。设计人员可在自己熟悉的专业软件工具上完成各专业的设计与计算，在 BIM 协同平台实现专业间协同与精细化模型校核，保障了 BIM 设计的准确性。

2. 便捷的建模功能

BIM 协同设计平台可具备便捷的基础建模功能，各专业可根据需要人工搭建模型，如搭建电气设备模型；也可以利用程序辅助生成模型，如生成构架主辅材主体模型；并根据开放的交互规范导入到专业计算软件中，如进行钢结构计算分析。

3. 专业的设计功能

设计人员在专业、易用的设计软件中完成本专业模型的计算、构建、分析等设计工作，并利用软件提供的便捷功能，辅助完成精细化出图、算量等工作。

4. 布置和总装

BIM 协同设计平台应在工程设计之初确定统一的坐标系，在工程设计过程中，各专业按照标准、通过接口导入的模型，遵循统一坐标系，实现正确的布置和总装。

5. 设计版本有效控制

统一的 BIM 协同平台提供完整的设计版本管理功能，使设计人员可以方便地管理、共享、采纳各版本的设计。特别是能实现不同版本的追踪和管理，可达到设计成果可追溯和有效管控的效果。

6. 模型管理及数据分析

BIM 协同平台具备图形轻量化处理功能，整合各专业的设计模型后，可以根据模型的空间位置、外形、业务特性等信息进行正确性分析，如电气距离校验、防火交互、碰撞检查等；BIM 协同设计平台可以结合业务需要，对接入的各专业设计模型进行数据统计和分析，输出材料表、工程量清单、物资台账清单等相关单据。

7. 数字化成果标准化

BIM 协同平台输出标准统一的 BIM 设计成果，便于施工、运维阶段对成果的深化利用。

8. 全流程管控

通过创建 BIM 模型，实现多参与方、各专业、各环节模型与数据的共享与复用，对设计过程数据实现全面管控，提升设计质量、工程效益。

通过多专业、多环节的数据管理，实现设计优化及计算仿真，提高设计精度和质量，并为全寿命周期持续服务奠定数据基础。

（二）统一的 BIM 设计平台

随着国产化 BIM 软件的不断优化升级，电网工程 BIM 设计正朝着统一的 BIM 设计平台方向发展。基于统一的三维图形平台，集成各专业设计模块，统一底层数据格式，进行设计与数据集成，实现数字化成果的统一输出及管理。

变电 BIM 设计平台集成多个专业模块，整体业务架构如图 4-9 所示。平台可提供全面的电气设计、总图设计、建筑设计、结构设计、水工设计、暖通设计、照明

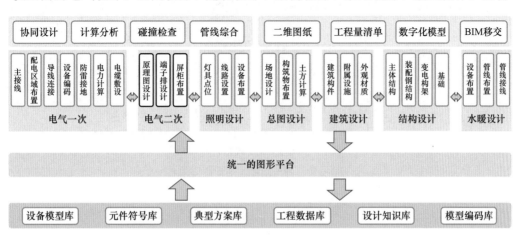

图 4-9　变电 BIM 设计平台架构

设计等专业设计计算以及成果输出、资料提交等功能。各专业在统一平台上完成设计，实现过程和成果数据互传互通的变电 BIM 全过程设计。

（三）BIM 协同设计流程

输变电工程 BIM 协同设计流程包含资源配置、设计及交互、成品输出 3 部分内容。

（1）资源配置包含工程立项、设计策划、人力资源及权限配置、数据库配置、设计原始资料输入、卷册配置等。

（2）设计及交互包含设计原则确定、数据交互、专业设计、设计方案评审和会签、模型及数据冻结等。

（3）成品输出包含模型导出、设计文档及图纸输出、工程量数据提取、成品归档、成品移交等。

变电工程协同设计流程、架空线路工程协同设计流程、电缆工程协同设计流程分别如图 4-10 ～图 4-12 所示。

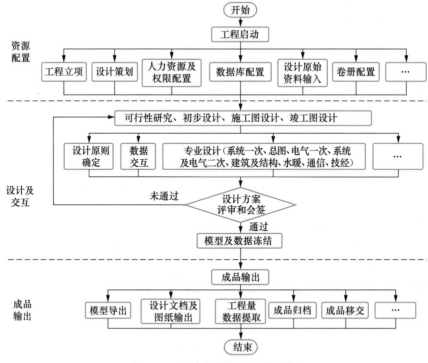

图 4-10　变电工程协同设计流程

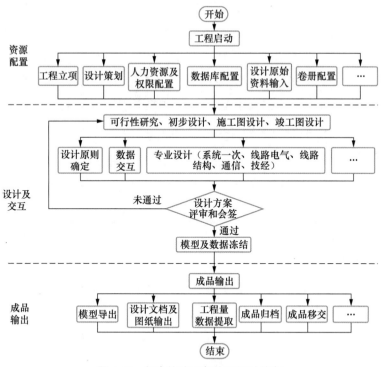

图 4-11　架空线路工程协同设计流程

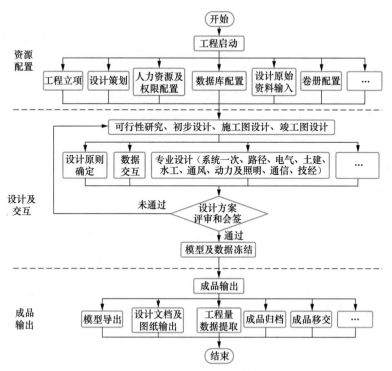

图 4-12　电缆工程协同设计流程

小结

　　本节详细介绍了如何开展电网工程BIM设计的基础准备工作，包括BIM设计策划时，确定BIM技术应用范围及深度、团队及职责、基础数据准备、设计基本约定；BIM协同设计中，探讨了统一的BIM协同平台构建及其发展目标，介绍了典型变电、架空线路和电缆工程的协同设计流程。这些基础准备工作对电网工程BIM设计的整体实施，对工程全寿命周期各阶段BIM模型的贯通应用具有重要意义，是电网工程BIM技术应用的"第一步"。

第二节　基于 BIM 技术的变电设计

　　基于 BIM 模型开展多维度的计算分析，进行可视化的仿真模拟，实现全专业、全过程数字化设计，这种理念在变电工程中逐渐得到应用。与传统变电设计相比，基于 BIM 技术的变电设计是基于三维模型的精细化工程设计。BIM 可视化和全息化的技术特点，使变电设计更高效、更直观，特别是 BIM 模型具备的三维空间校核能力，可以全面提高设计精度，缩短作业时间，确保工程建设质量。BIM 技术重塑了变电设计的价值理念，带来对变电设计的全新认知和理解。

一、BIM 模型结构树

　　变电站的 BIM 模型结构树设计是变电站 BIM 设计的起点，是整个变电站 BIM 设计模型及数据的管理框架。通过模型结构树的建立，确定所有设计模型及数据的关联关系，管理数据结构，建立存储标签，使所有 BIM 设计过程产生的数据都能存入工程数据库进行管理。同时，将工程结构信息进行数字化管理可以为数字化移交、模型编码提供先决条件。

（一）BIM 模型结构树及主接线间隔定义

　　在变电站 BIM 设计中，先通过参数化装置信息，对各配电装置间隔进行电压等级、母线接线形式、进出线回路数等进行设置后，批量建立工程的模型结构树；再对主接线各回路进行间隔定义，便于在布置设计时实现分区域的设备批量布置等功能。变电站模型结构树实例如图 4-13 所示。

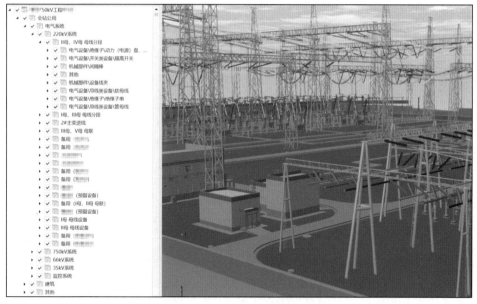

图 4-13 某 500kV 变电站模型结构树实例

（二）主接线绘制及赋值

电气接线设计主要在变电 BIM 设计平台的系统设计中完成，根据待建变电站规模及相关计算结果，可进行设备选型并确定主接线方案。主接线拼接有两种方式可选：①从软件系统方案库中选择相同或者近似的接线方案（可以进行方案调用、回路调用）进行微调修改；②手动绘制（包括元件符号绘制、回路拼接）。

主接线绘制一般采用回路调用微调后再手动拼接方式，元件图例符号从元件库存入或者手动绘制后调用。软件自动读取接线回路信息，进行相应设备（子设备）赋值操作。主接线回路赋值实例如图 4-14 所示。

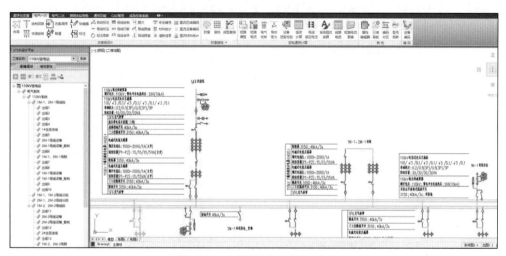

图 4-14 主接线回路赋值实例

（三）模型自动编码

编码是 BIM 技术应用的核心纽带，通过 BIM 模型编码，可以将对模型不同阶段的关注点以统一的方式进行编码和分类，方便模型的管理、检索和使用，从而实现模型信息的有效共享与交流。主接线回路自动编码实例如图 4-15 所示。通过编码，可以把电气主接线的设备信息与模型关联起来，把二维逻辑关系与三维模型关联起来，同时，设备属性参数等都是来源于同一数据库。

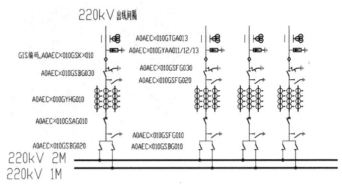

图 4-15　主接线回路自动编码实例

二、全专业 BIM 建模

（一）全专业 BIM 建模范围及要求

全专业 BIM 建模范围及要求如表 4-1 所示。

表 4-1　　　　　　　　　　全专业 BIM 建模范围及要求

序号	专业	建模范围	要求
1	电气一次	电气设备及材料（变压器、断路器、GIS、电压互感器、电流互感器、避雷器、隔离开关、接地开关、电抗器、电容器、中性点设备、开关柜）	变电工程设备 BIM 模型根据工程的建模精度要求，完整建模，采用基本图元的方式建模，模型几何信息细度、属性信息细度符合各工程建设单位的标准要求
2		防雷、接地设施（避雷针、接地网等）	变电工程防雷、接地设施 BIM 模型根据工程的建模精度要求，完整建模，采用基本图元或者参数化的方式建模，模型几何信息细度、属性信息细度符合各工程建设单位的标准要求
3		照明设施	变电工程照明设施 BIM 模型根据工程的建模精度要求，完整建模，采用基本图元或者参数化的方式建模，模型几何信息细度、属性信息细度符合各工程建设单位的标准要求
4	电气二次	二次系统设备（二次屏柜、预制舱式二次组合设备、蓄电池、交直流一体化屏、通信交换机屏柜等）	变电工程二次系统设备 BIM 模型根据工程的建模精度要求，完整建模，采用基本图元的方式建模，模型几何信息细度、属性信息细度符合各工程建设单位的标准要求

续表

序号	专业	建模范围	要求
5	电气二次	辅控系统（火灾报警、图像监控）	变电工程辅控系统BIM模型根据工程的建模精度要求，完整建模，采用基本图元的方式建模，模型几何信息细度、属性信息细度符合各工程建设单位的标准要求
6	土建	建筑物、构支架及设备基础、水工暖通设施（建筑、结构主要构配件，构架梁、柱、基础、支撑部件，支架上部主体结构、基础、主要设备基础、油坑、防火墙，供水、排水、消防、冷却、暖通系统的干管等）	变电工程土建专业BIM模型根据工程的建模精度要求，完整建模，采用IFC的交互方式进行参数化建模，模型几何信息细度、属性信息细度符合各工程建设单位的标准要求
7	水暖消防	水工暖通及消防设施（供水、排水、消防、冷却、暖通系统的管道干管等）	变电工程水工暖通及消防设施BIM模型根据工程的建模精度要求，完整建模，采用基本图元或IFC的交互方式进行参数化建模，模型几何信息细度、属性信息细度符合各工程建设单位的标准要求
8	总图	场地及周边设施（终平场地、支挡结构、站内道路、围墙、大门、主要地下沟道、电缆通道等）	变电工程场地及周边设施BIM模型根据工程的建模精度要求，完整建模，采用IFC的交互方式进行参数化建模，模型几何信息细度、属性信息细度符合各工程建设单位的标准要求

（二）设备建模

电气设备及材料按照如图4-16所示的层级结构进行建模，电气设备及材料由部件组成，部件由基本图元构建。其中，电气设备及材料和部件应作为属性信息赋值的基本单元。

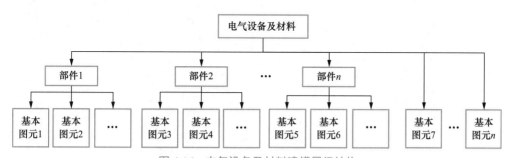

图4-16 电气设备及材料建模层级结构

对于变电设备，按照建模标准要求，在变电BIM设计软件中建立1∶1三维模型（族），如图4-17所示。建模过程中对不同的设备，按照工程需要赋予模型通用设备参数，如材质、电气接线点、电压等级、相数等。部分较复杂的设备，需要将多个模型（族）进行组合。

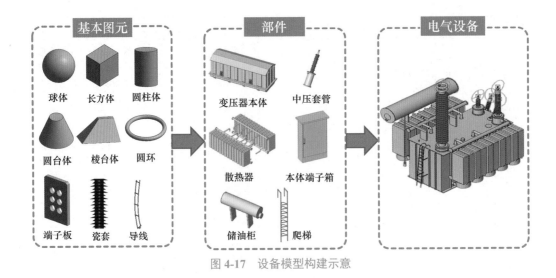

图 4-17　设备模型构建示意

设备建模完成后，进行模型入库。公共库中的模型为通用模型，具有通用性；工程库中的模型为本工程所需模型，可以从公共库导入或者直接存入，到施工图设计阶段，将替换为产品模型。模型存入时，需赋予模型工程所需的通用信息，如型号、电压等级、相数等。500kV GIS 公共设备库管理和 220kV GIS 设备模型管理实例分别如图 4-18 和图 4-19 所示。

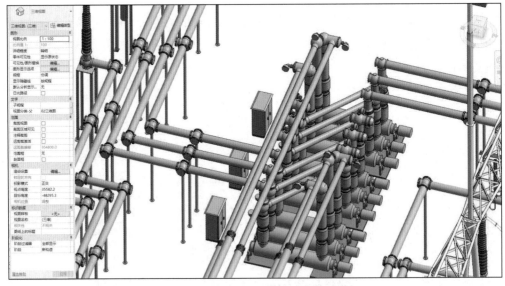

图 4-18　500kV GIS 公共设备库管理实例

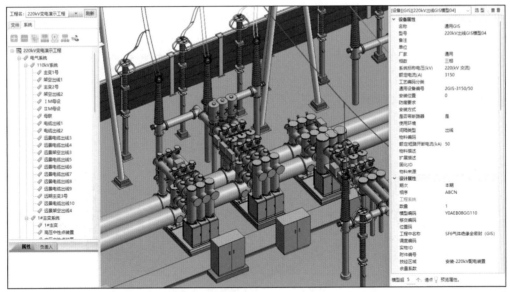

图 4-19　220kV GIS 设备模型管理实例

二次设备模型均储存在二次设备数据库中。用户通过调用所需的二次通用设备模型并将其逐级整合，生成二次装置模型；再通过二次装置模型的整合可得到不同精细程度的二次屏柜模型（见图 4-20）。

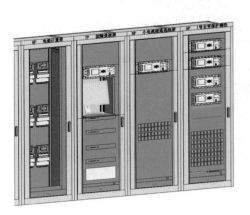
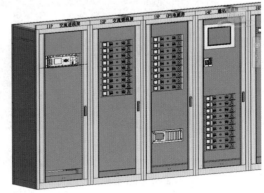

图 4-20　二次屏柜模型

（三）建（构）筑物及设施建模

1. 土建结构三维精细化设计建模

对于土建结构专业，打通专业计算软件与 BIM 软件接口，可以实现自动读取土建结构专业计算数据，生成实体钢筋和钢结构精细化节点模型，可视化指导现场施工，自动统计工程量，为钢筋、钢材加工下料、材料统计等提供数字化支撑。三维钢筋提取实例如图 4-21 所示，构架节点精细化设计模型的实例如图 4-22 所示。

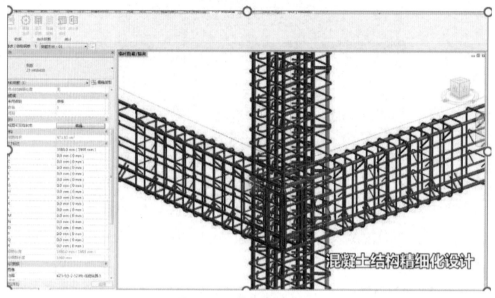

图 4-21　三维钢筋提取实例

图 4-22　构架节点精细化设计模型

2. 建筑物三维精细化设计建模

建筑物包含各层空间布置，柱网、房间布置、墙体、门窗等。结合设备大小、屏柜布置、房间使用功能等信息，利用 BIM 模型确定房间的开间、进深。这些模型信息可以按照特征、参数分类归档成数据库，在以后的工程中可以方便地调用和修改。配电装置楼设计模型实例如图 4-23 所示。

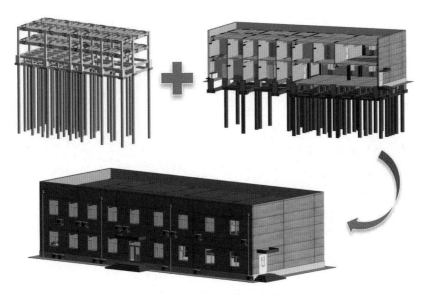

图 4-23　配电装置楼设计模型实例

3. 地下管线三维精细化设计建模

水工专业构建地下管线设施的 BIM 模型，需要将地下管线设施模型与建筑物结构基础、电缆沟等设施模型进行碰撞检查，避免后期施工过程中的返工。主变压器水喷淋消防管道模型和全站地下管线及设备设施模型实例分别如图 4-24 和图 4-25 所示。

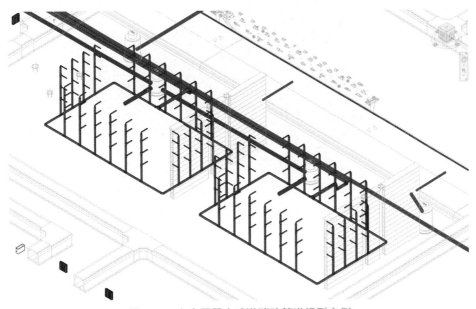

图 4-24　主变压器水喷淋消防管道模型实例

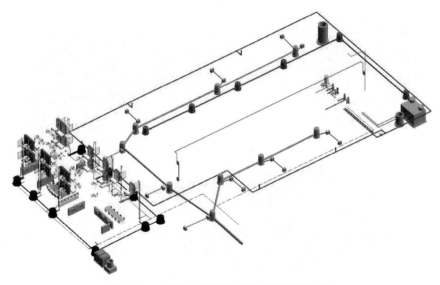

图 4-25　全站地下管线及设备设施模型实例

4．室内综合管线精细化设计建模

综合电气一次、电气二次、建筑、结构、水暖等管线和开孔模型，对建筑物内照明、辅控、安防等管线进行三维精细化布置设计，集成所有管线信息，避免施工过程中的遗漏、返工和二次开槽等现象。室内综合管线精细化设计模型实例如图 4-26 所示。

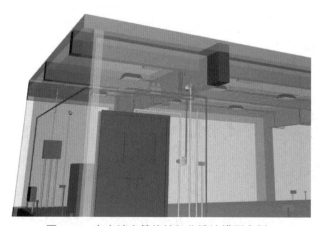

图 4-26　室内综合管线精细化设计模型实例

三、三维布置设计及优化

（一）全专业三维布置范围及要求

全专业三维布置范围及要求如表 4-2 所示。

表4-2　　　　　　　　　　　　　全专业三维布置范围及要求

序号	专业	三维布置范围	要求
1	电气一次	电气一次设备选型及布置方案	初步设计阶段采用通用模型，满足主要设备厂家对设备占位及空间位置的最大要求；施工图设计阶段采用产品模型，准确反映电气设备、导体、金具等外形尺寸、空间形态及位置
2	电气二次	二次系统方案及屏柜、蓄电池布置方案	初步设计阶段采用通用模型，施工图设计阶段采用产品模型，完成房间内的保护、控制、通信、计量、电源等屏柜或设备的三维布置设计
3	土建	站区总布置	包括场地平整、道路、围墙、大门、主要电缆沟道等模型及布置
4		建筑物主体设计方案	应体现建筑物外轮廓的空间占位，包括建筑物的墙体、门窗、楼梯、进出线套管洞口以及用于吊装、通风的主要洞口等
5		全站构支架、设备基础及防火墙设计方案	重点体现构筑物空间占位
6	电气	电缆通道布置方案	电缆通道布置支持电缆三维设计，实现动力电缆、控制电缆、光缆的路径自动规划和分层，建立电缆桥架/支架模型，完成电缆长度、电缆桥架和支架数量的自动统计
7	水暖消防	水工、暖通、消防主要设备及管道布置方案	包括主要设备、主干管道的BIM模型，完成空间布置设计

（二）配电装置布置优化

利用变电BIM设计软件的布置设计功能，配合轴网精确定位，快捷准确地对各个配电装置区域模型进行快速布置。参数化轴网设计布置实例如图4-27所示。

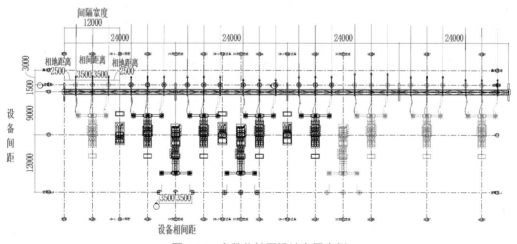

图4-27　参数化轴网设计布置实例

通过准确的三维空间电气安全净距计算并辅以设备模型，减小了配电装置尺寸，为设计方案整体优化提供了重要的技术支撑。BIM软件多视角、多视图切换功能能够直观准确地反映优化后的配电装置方案的可行性。

变电 BIM 设计软件通过设计知识库设定的判断机制（依据相关现行国家标准及行业规程规范形成的算法），对模型自身携带软、硬属性（如电压等级、相序）以及模型的空间相对位置等信息，进行综合判断；对未通过校验的导线或者设备，给出高亮提示，并标示出安全隐患处，指导设计人员迅速查找和定位问题，并做出相应调整修改。配电装置布置优化实例如图 4-28 所示。

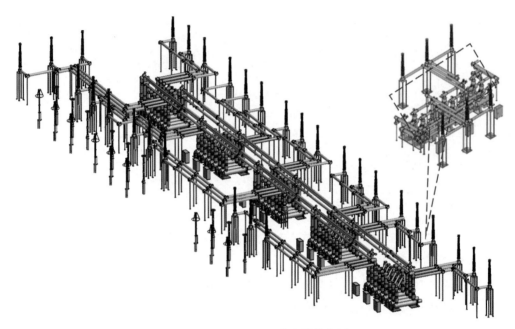

图 4-28　500kV GIS 布置优化实例

（三）构架设计优化

通过构架三维数字化模型，能够直观地观察电气设备的接线情况，与电气一次专业进行协同，调整构架模型参数，联动修改模型，使布置更加紧凑合理。出线构架优化实例如图 4-29 所示。

（四）建筑物设计优化

BIM 软件为设计人员提供了一个开放的、可视化的设计环境，BIM 模型通过可视化和交互性的方式呈现建筑设计方案，可以在设计阶段模拟不同方案效果，评估方案的可行性和可靠性。

建筑物 BIM 模型与水暖、电气等专业基于同一模型进行协同，设计人员可直观查看工艺专业在建筑模型内的布置，分析设备与建筑物的空间位置关系是否满足标准规范的要求，最大程度调整优化建筑平面和空间布局，同时最大限度地实现建筑节能。

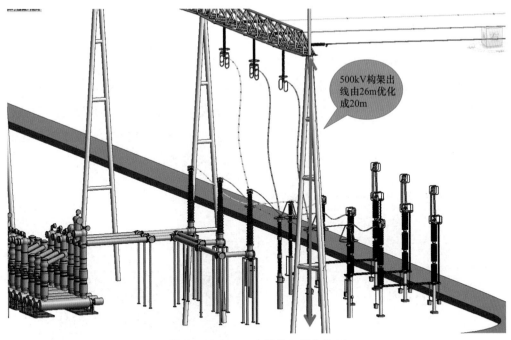

图 4-29　500kV 出线构架优化实例

设备的安装也是建筑设计中非常重要的一环。BIM 软件平台提供模拟设备搬运、安装、就位全过程的功能，可以准确地判定通道、门、洞口等是否满足要求。建筑物设备模型实例如图 4-30 所示。

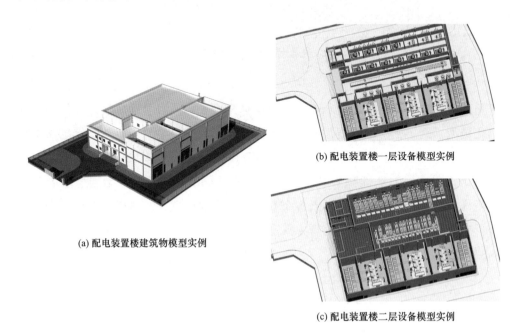

(a) 配电装置楼建筑物模型实例

(b) 配电装置楼一层设备模型实例

(c) 配电装置楼二层设备模型实例

图 4-30　建筑物及设备模型实例

（五）构筑物优化

1. 设备基础优化

碰撞校验是 BIM 模型的优势，传统二维设计中只能在平面上进行校验，空间校验费时费力，且容易出错。设备基础碰撞检查布置优化实例如图 4-31 所示，图中主变压器 10kV 侧出线支架基础及电缆沟基础与油坑发生碰撞，由于变压器设备尺寸无法调整，导致油坑尺寸和位置不能调整，故土建专业调整设计方案，增加支架基础埋深，或油坑和支架基础整体浇筑，同时调整电缆沟位置。

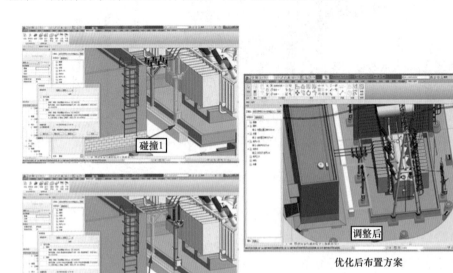

图 4-31 设备基础碰撞检查布置优化实例

2. 地基处理优化

利用 Civil 3D 软件将地质专业提供的各个二维土层或岩层地质信息转化为三维数字化模型。同一土层或岩层需构成一个完整曲面，变电站的场地地质信息通常为多个曲面，提取持力层等高线十分方便。利用 Navisworks 或者 Inflworks 等软件，设计人员可以将全站的基础 BIM 模型按坐标和设计标高放置于地质土层岩层的三维数字化模型上，直观、明确地判断各个基础与持力层的关系。这样，设计人员就可以分析判断基础形式或者地基处理方式是否合理。工程地质三维数字化模型实例如图 4-32 所示。

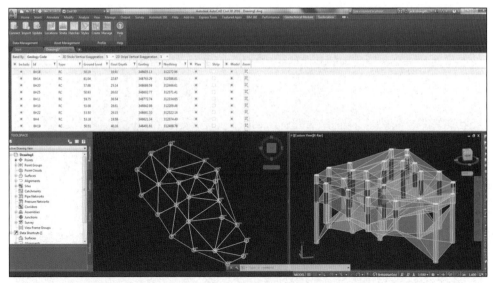

图 4-32 工程地质三维数字化模型实例

（六）站区土石方平衡优化

利用 Civil 3D 软件将测量专业提供的二维自然地形图转化成数字三维地形模型（可定义为原始曲面），可使设计人员更加直观、准确地观察分析测量地形的基本状况，为布置变电站的位置带来很大的便利。

根据全站分析，定义设计曲面，进行土石方平衡的计算。Civil 3D 软件在土石方计算方面不仅提供了常规的方格网法、断面法等，还提供了更加精确的曲面法，相比常规方法土石方量计算更为精确。

Civil 3D 可以清楚明了地统计出挖方区的土石比，极大地提高土石方量的统计精度。在设计过程中，修改平面中的模型参数，剖面立面将实现联动修改，有助于方案调整，并能节约工作量。Civil 3D 模型实例如图 4-33 所示。

（七）三维电缆精细化敷设

三维电缆敷设软件对电缆敷设规则进行设定，包括设置沟内占积率、电缆敷设根数、电缆敷设位置等；软件通过起始点定位，自动优化敷设路径；通过设置不同区域电缆的敷设路径优先顺序，能够做到全站电缆远近结合、统筹优化，精准敷设、精确统计。电缆三维布置实例如图 4-34 所示。自动分层电缆敷设后，生成电缆清册与路径图，可直观详细地了解电缆走向，提升电缆敷设验收水平与施工管理质量；同时采用的 BIM 设计通过通道容积率分析，可为优化电缆通道尺寸提供很大帮助。电缆精细化敷设如图 4-35 所示。

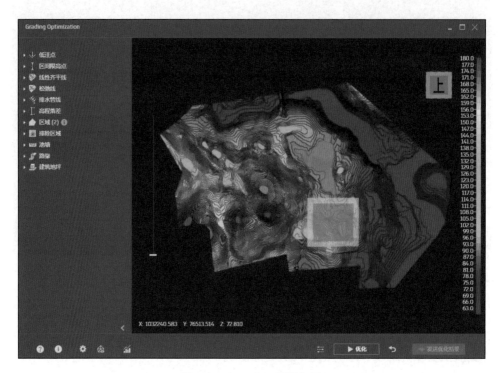

图 4-33　Civil 3D 模型实例

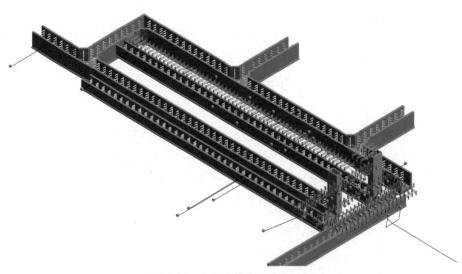

图 4-34　电缆三维布置实例

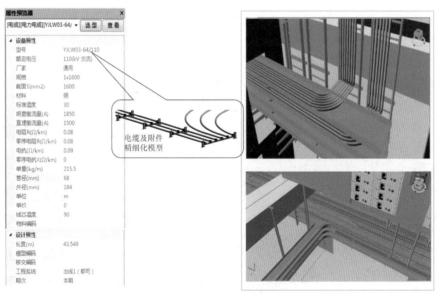

图 4-35 电缆精细化敷设

（八）多专业协同及校审

1. 数字化专业提资及检查

BIM 设计以三维模型为载体，各专业基于模型的提资，比二维提资更准确、更便捷；同时可对提资需求进行自动比对，为后续设计正确性提供辅助支撑。电气模型提资与土建模型比对如图 4-36 所示。

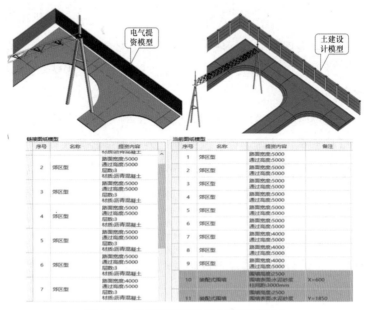

图 4-36 电气模型提资与土建模型比对

2. 平台化协同设计

BIM 协同技术（见图 4-37）实现了不同专业、不同卷册设计人员在统一的三维设计空间开展协同设计，加强了专业间的配合，简化了专业间提资。提资在 BIM 平台内基于模型及数据的流转，在专业间高效完成。

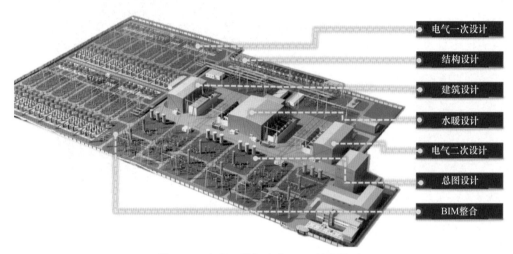

电气一次设计

结构设计

建筑设计

水暖设计

电气二次设计

总图设计

BIM整合

图 4-37 电网工程各专业 BIM 协同设计

并行设计是电网工程 BIM 协同设计的主要特点之一，各专业在统一的坐标系和模型上，并行完成各自设计内容。并行设计要求极强的时效性，实现专业数据和信息实时更新和传递。

数据共享实现了设计数据"一次输入，多次利用"，解决了电子化制图阶段数据在各专业相互隔离、传递不畅等问题，可减少提资配合过程中的信息偏差，实现设计信息在工程全过程中有效传递、反馈和共享，最大限度地共享专业间的设计成果，进一步地提高设计质量。

BIM 协同技术为复杂结构、建筑基础碰撞和电气距离碰撞等问题提供了自动化校验的完整解决方案。从而避免了软碰撞、硬碰撞等经常性问题的出现，减少和避免设计错误导致的现场变更，加快了工程建设进度。基于三维信息模型通过程序自动校核，避免了人工错漏，减少设计人员机械重复工作，工作效率与质量极大提高。

3. BIM 设计校审

BIM 设计校审即通过 BIM 软件平台对设计过程的模型参数、布置方案进行校审，同时可进行模型的版本管理、质量控制、修改更新。

BIM 评审需要面对三维数字化设计成果的数据沉淀与分析，实现基于大数据应用的智能评审；同时具有多维展示、技术校核和技经分析等专业评审功能。

BIM 评审以可视化技术手段对工程方案进行直观展示，从而提高评审质量，准确评定设计原则。

BIM 设计成果可定量的对工程全部内容进行详尽描述与统计分析，有效提高评审效率和质量；通过数据比对，保证强条反措、标准设计等的准确落实；可以快捷调整优化技术方案，精准核定工程量；对评审结果进行大数据沉淀，形成专家决策库，有效提高评审能力。

四、计算分析模拟

BIM 技术通过参数化的方式表达并整合所有构件或物体的物理特性、几何信息等属性信息，建立数据库并形成数字化信息模型。"BIM+"技术基于 BIM 模型，进一步融合专业计算、专业仿真等，有效提升了设计中计算分析的能力及深度。

（一）空间几何分析模拟

在电网工程可行性研究阶段，空间几何分析可以用于前期选址、选线工作，结合 GIS 技术、无人机倾斜摄影技术、激光扫描技术等，将典型方案的 BIM 模型与地形、地貌、地下管线等多元空间环境数据融合，可直观展示工程空间关系，高效查询土地性质、产物权属、砍伐拆迁范围、出线走廊走向等信息，开展工程选址布局、出线走廊分析、迁改赔偿等方案仿真分析和优化，支撑工程规划决策。

在施工图设计阶段，空间几何分析可以用于软硬碰撞检测，如防火间距校验、电气安全净距校验、防雷保护范围校验、设备空间碰撞校、吊装轨迹范围校验、地下综合管线碰撞检测、运输安装空间校验等。

1. 防火间距校验

变电站含油等易燃易爆设备较多，在设计过程中，建（构）筑物防火设计及防火间距校验十分重要。GB 50229—2019《火力发电厂与变电站设计防火标准》对变电站内建（构）筑物及设备的防火间距有着明确的要求。建（构）筑物防火间距的优化调整，对总平面的尺寸优化起着十分重要的作用。

根据电气一次等工艺专业提资，土建专业进行围墙、道路、防火墙、建筑物等单体建模，完成三维数字化模型的总平面布置。利用 BIM 软件的防火校验功能，只需要定义建构筑物的火灾危险性分类、耐火等级及设备含油量等信息，软件就可以判定建（构）筑物与设备是否满足防火间距要求，并给出提示报警，方便设计人员查看和修改。软件自动校验极大地缩短了校核时间，且大大降低了防火间距校验的失误。工程防火间距校验实例如图 4-38 所示。

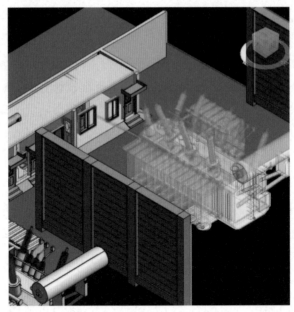

图 4-38 工程防火间距校验实例

2. 电气安全净距校验

基于全站 BIM 模型，电气安全净距进行三维的校验，每个带电部位和各个方向的电气安全距离都得到充分的保障，实现精细化设计，对设计优化、指导现场施工安装等都有重要的意义。设计模型的带电距离校验实例如图 4-39 和图 4-40 所示。

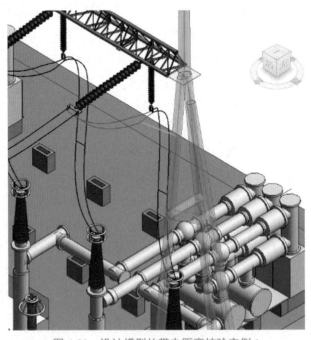

图 4-39 设计模型的带电距离校验实例 1

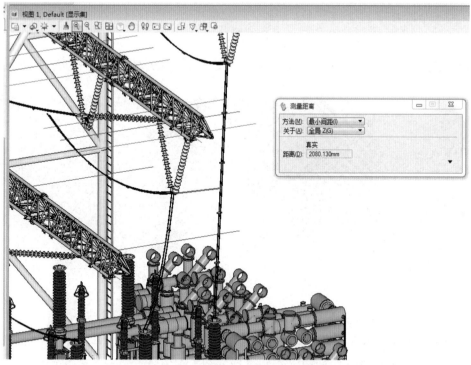

图 4-40 设计模型的带电距离校验实例 2

3. 防雷保护范围校验

基于全站 BIM 模型进行全站防雷保护区域计算，可生成全站防雷保护校验曲线图及计算表，并在三维模型中进行直观展现。防雷保护范围模拟区域校验实例如图 4-41 所示。

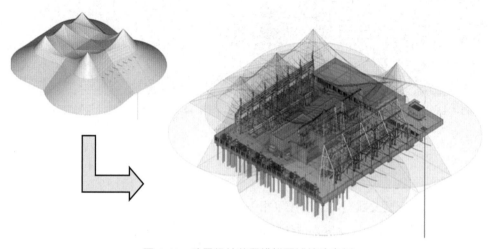

图 4-41 防雷保护范围模拟区域校验实例

4. 设备空间碰撞校验

基于全站 BIM 模型进行多专业软、硬碰撞检测，能直观地在三维模型中查看隐蔽工程碰撞问题，并利用软件生成检查报告，减少因"错、漏、碰、缺"造成的经济损失和人工浪费。碰撞检查数据信息定位及修改方案实例如图 4-42 所示。

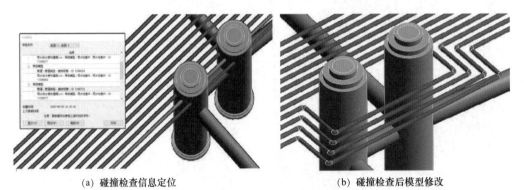

(a) 碰撞检查信息定位　　　　　　　　(b) 碰撞检查后模型修改

图 4-42　碰撞检查数据信息定位及修改方案实例

5. 吊装轨迹范围校验

模拟设备吊装施工过程中吊装点位、施工工器具位置、吊车位置及平台位置，对吊车的运动轨迹与变电站 BIM 模型进行安全距离校验，对不满足带电安全净距、碰撞检测的情况给出提示，从而优化设计布置、吊装方案，确保施工安全。1000kV出线套管吊装轨迹校验实例如图 4-43 何图 4-44 所示。

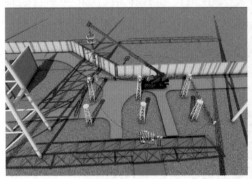 

图 4-43　1000kV 出线套管吊装轨迹校验　　　图 4-44　1000kV 出线套管吊装轨迹校验
　　　　　 实例 1　　　　　　　　　　　　　　　　　　实例 2

（二）电气专业计算分析

基于 BIM 模型及数据，自动提取相关空间参数、环境参数及边界条件开展短路电流计算（见图 4-45）、设备选型计算、导体拉力计算（见图 4-46）、管母线受力计算、防雷计算、接地设计计算及计算校验，可确保计算的高效快捷及准确性，同时设计数据与计算结果具有关联性。

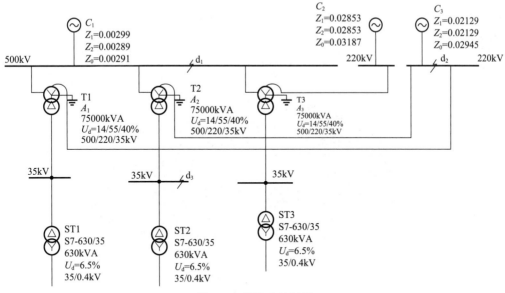

图 4-45　短路电流计算

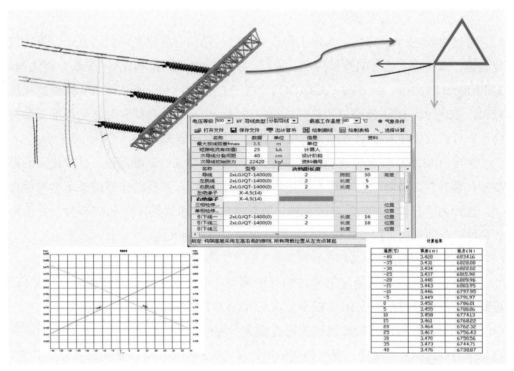

图 4-46　导体拉力计算

通过识别接地网，基于实测数据，创建土壤分层等效计算模型；经过土壤分析、入地电流和接地分析计算等模块，实现接地电阻、故障电流、GPR、接触电位差、跨步电压、地电位差的详细分析和三维可视化展示。地电位升模拟展示实例如图 4-47 所示。

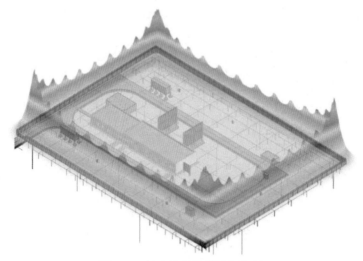

图 4-47　地电位升模拟展示实例

（三）力学计算分析模拟

通过 BIM 技术的应用，实现工程设计模型与结构分析模型的数据互通，解决重复建模、人工输入信息偏差等问题。目前，BIM 模型已经在 PKPM、YJK、迈达斯、SAP2000、ETABS、ANSYS、ABAQUS 等主流结构设计和分析软件上实现模型转换接口。但现阶段 BIM 模型与计算分析模型间属性信息的流转缺少完备的标准，如何将计算分析成果导入 BIM 模型进行管理和利用仍有待研究。

利用 BIM 软件快速建模功能，搭建出符合计算要求的三维模型，并导出三维模型到计算软件。计算软件对导入的三维模型进行计算，并根据计算结果调整构件尺寸，直到力学分析结果满足要求。将计算软件修改后的结果导回 BIM 软件，更新构件尺寸，从而完成工程设计模型与结构分析模型的数据互通。

1. 变电构架结构计算

利用快速建模工具搭建空间结构三维模型，导出模型到计算模块完成计算后，再输出三维模型数据完成 BIM 模型生成及 BIM 节点计算。

BIM 节点计算可按构件连接的构造要求和构件内力自动进行节点设计，确保节点连接的可靠性和适用性。变电构架结构计算的实例如图4-48～图4-51 所示，其中，变电构架三维计算结果如图4-48 所示，导出变电三维 BIM 模型如图4-49 所示，变电构架三维 BIM 节点设计如图4-50 所示，变电构架实体有限元分析如图4-51 所示。

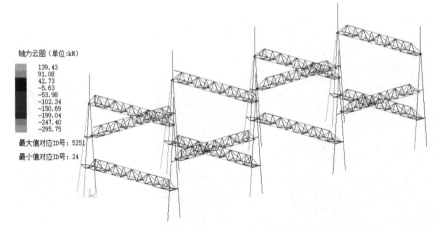

图 4-48 变电构架三维计算结果

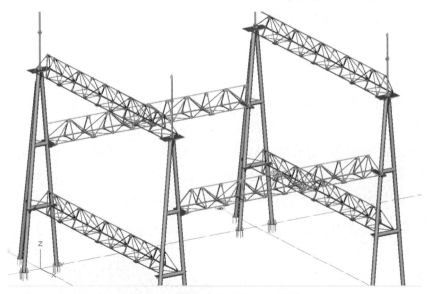

图 4-49 导出变电三维 BIM 模型

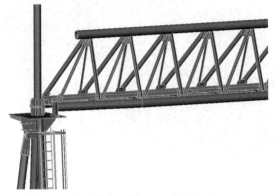

图 4-50 变电构架三维 BIM 节点设计

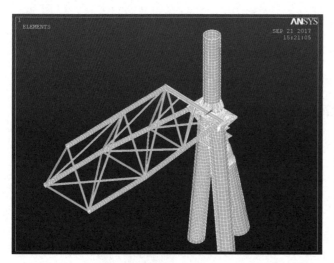 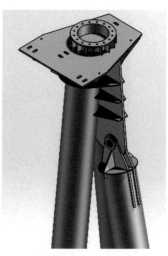

(a) 变电构架实体有限元分析实例　　　　　　　　(b) 变电构架三维实体节点实例

图 4-51　变电构架实体有限元分析

2. 户内变电站结构计算

对于以层模型为特点的户内变电站，从 BIM 模型抽离生成结构模型，建立或修改主体结构建模后，调用计算模型进行结构计算，满足设计指标后再输出三维模型数据完成 BIM 模型生成及 BIM 节点计算设计。户内变电站结构计算的实例如图 4-52～图 4-54 所示，其中，变电站配电装置楼 BIM 模型如图 4-52 所示，节点设计的钢框架结构模型及三维节点细节如图 4-53 所示，BIM 模型计算建模导出材料清单如图 4-54 所示。

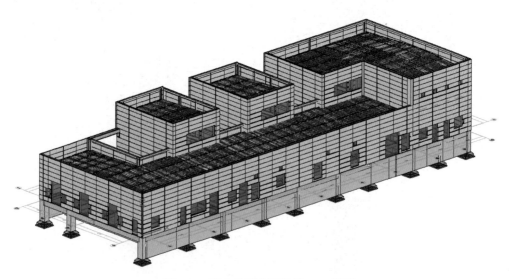

图 4-52　变电站配电装置楼 BIM 模型

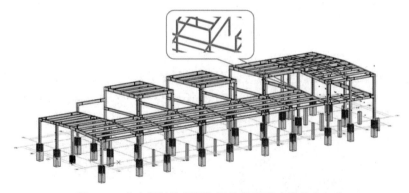

图 4-53 节点设计的钢框架结构模型及三维节点细节

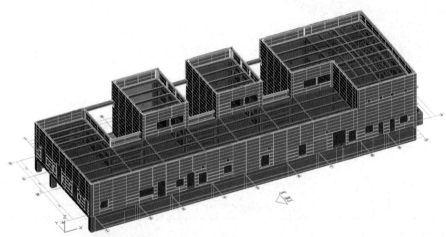

龙骨明细表

构件名称	构件编号	截面(mm)	长度(mm)	数量	材质	总重(kg)
	HL3	B200X4.00	7500	1	Q235A	185
	HL3	B200X4.00	9300	2	Q235A	458
	HL3	B200X4.00	24850	1	Q235A	612
	HL3	B200X4.00	48500	2	Q235A	2388
水平龙骨	HL4	B200X5.00	300	2	Q235A	18
	HL4	B200X5.00	599	2	Q235A	37
	HL4	B200X5.00	600	11	Q235A	202
	HL4	B200X5.00	603	2	Q235A	37
	HL4	B200X5.00	606	4	Q235A	74

明细表

构件名称	构件编号	截面(mm)	长度(mm)	数量	材质	总重(kg)
	GZ1	H500X250X250X8X10X10	6600	7	Q345	3206
	GZ2	HN650X300X11.0X17.0	6600	7	Q420	6157
	GZ3	φ1200X24	3300	1	Q420	2297
	GZ4	φ400X8	3300	1	Q355	255
钢柱	GZ4	φ400X8	6600	6	Q355	3063
	GZ5	十字工形600X600X200X200X40...	6600	7	Q420	26112
	GZ6	方钢管1000X1200X24X24	3300	1	Q420	2676
	GZ7	方钢管500X600X20X20	3300	1	Q345	1098
	GZ7	方钢管500X600X20X20	6600	6	Q345	13180

钢材订货表

类别	规格	材质	重量(kg)
	10	Q235	14881
	12	Q235	423
	14	Q235	30360
	16	Q235	32088
	17	Q235	401
	18	Q235	27027
钢板	20	Q235	21308

全楼汇总表

构件名称	总重(kg)	重量损耗(%)	含损耗总重(kg)	总面积(m2)	围护损耗(%)
钢柱	33563	0	33563	452.5	0
钢梁	88818	0	88818	1525.2	0
零件板	16102	0	16102	272.4	0
总计	138483	0	138483	2250.1	0

螺栓汇总表

螺栓类型	等级	直径(mm)	长度(mm)	数量	锚固数量
	10.9级	20	61	159	159
	10.9级	20	65	271	271
摩擦型高强螺栓	10.9级	20	73	16	16
	10.9级	20	79	376	376
	10.9级	20	87	812	812
	10.9级	20	89	320	320
锚钉	Q235	16	75	1548	
锚栓	Q235	24	778	48	96
	Q235	24	784	18	36

图 4-54 BIM 模型计算建模导出材料清单

（四）环境影响分析模拟

为准确评估工程与所处环境之间的相互影响，响应"双碳"目标，促进绿色低碳技术的应用，提高工程的适应性和方案的可行性，在 BIM 模型的基础上，结合数字地形图、行政区域图以及其他环境信息，利用专业仿真分析软件，对工程与所处环境之间的相互影响进行仿真分析，优化设计方案。

1. 照度环境模拟分析

户内变电站进行全站照明布置设计时，不同空间对照明品质（如照度、均匀度、不舒适眩光和显色指数）有不同要求。基于 BIM 模型，采用专业灯光照明软件可以

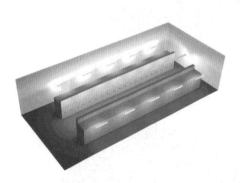

进行模拟分析辅助设计，如应用 DIALux 软件，将房间建筑和照明、动力布置模型（包含各类照明灯具、动力箱、检修箱的空间布置）、灯具布置信息导入，进行照明分析计算，优化灯具选型和布置，满足照明品质要求，降低照明能耗，提升运检人员使用舒适度。DIALux 软件中照度效果模拟实例如图 4-55 所示，相应的工作面灰阶照度图和伪色图如图 4-56 所示。

图 4-55　DIALux 软件中照度效果模拟实例

等照度图（lx）

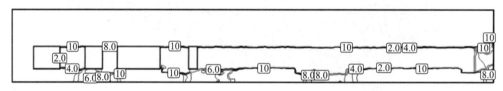

比例:1:200

伪色图（lx）

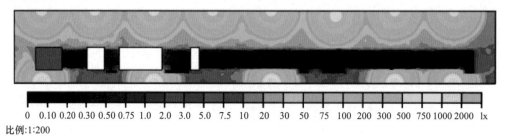

0　0.10　0.20　0.30　0.50　0.75　1.0　2.0　3.0　5.0　7.5　10　20　30　50　75　100　200　300　500　750　1000　2000　lx

比例:1:200

图 4-56　工作面灰阶照度图和伪色图

2. 声环境模拟分析

户内变电站声环境是一个噪声源多，分布面广，噪声多次折射、反射、叠加的动态复杂系统，易对周边环境产生不良噪声影响，在设计阶段往往要针对噪声专项开展相关设计分析。基于 BIM 模型，借助专业声环境模拟分析软件，如 Cadna/A、PKPM-Sound 等，对变电站声环境进行仿真分析。根据模拟结果采取相应的降噪措施，如改用噪声较小的设备、增加吸声板、设置隔声屏障、变电站周边设置围墙或

绿化带等，再进行二次模拟分析，以验证降噪的效果，最终形成合理的噪声专项优化方案，有效降低变电站综合噪声，减少对环境的影响，实现绿色变电站的建设目标。声环境模拟分析的实例如图 4-57 ～图 4-59 所示，其中，无降噪措施的立面噪声分布示意图如图 4-57 所示，设备间增加吸音板立面噪声分布示意图如图 4-58 所示，无降噪措施的站区综合噪声分析图如图 4-59 所示。

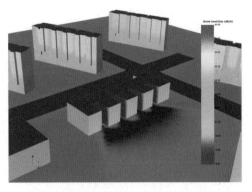

图 4-57　立面噪声分布示意图（无降噪措施）

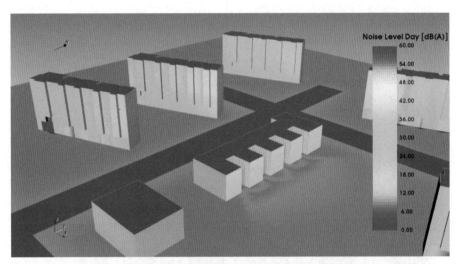

图 4-58　立面噪声分布示意图（设备间增加吸声板）

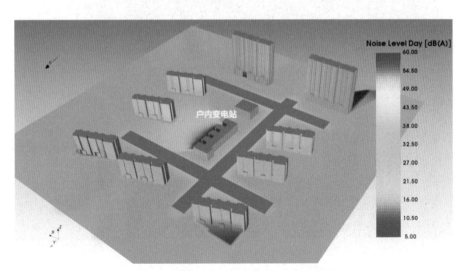

图 4-59　站区综合噪声分析图（无降噪措施）

3. 光环境分析

考虑到运行人员在站内的工作活动需求，光环境设计是户内变电站建筑设计的重要组成部分。户内变电站光环境分析主要聚焦室内自然采光分析，例如针对人员常驻房间进行自然采光情况模拟分析，指导建筑立面设计优化，将更多自然光引入室内代替人工照明，降低照明能耗和碳排放，助力变电站低碳运行。

户内变电站首层采光分析实例如图4-60所示。右下角的消防控制室、值班室等大部分空间每天采光照度达标时数都超过4h，通过自然采光能满足一半以上的照明需求，减少了灯光照明的需求。配电装置室和主变压器间由于进深较大，自然采光不够，内部空间主要依靠灯光照明。

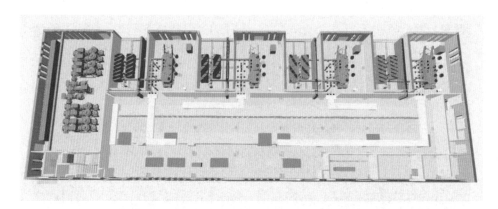

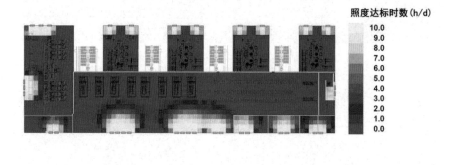

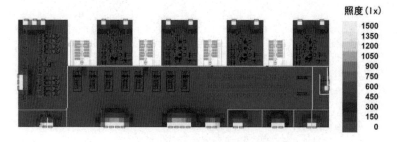

图4-60　户内变电站首层采光分析实例

4. 室外风环境模拟分析

户内变电站对于通风需求大，良好的室外风场可以促进自然风在夏季更多地流入室内，合理通风有利于变电站设备运行，减少变电站机械通风需求和通风能耗。以 BIM 模型为基础，利用计算流体动力学（Computational Fluid Dynamics，CFD）模拟技术，可以在变电工程前期规划阶段，综合考虑建筑布局和体型对室外风环境的影响，通过对风速、风压等指标进行分析，指导优化变电站布置方案。两种布局下变电站场地风环境模拟分析实例分别如图 4-61 和图 4-62 所示。

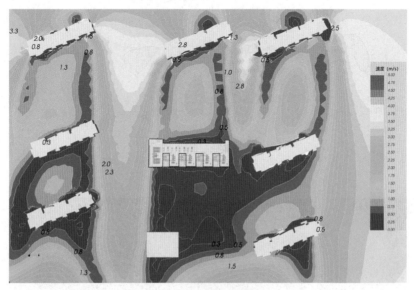

图 4-61　变电站场地风环境模拟分析实例（布局一）

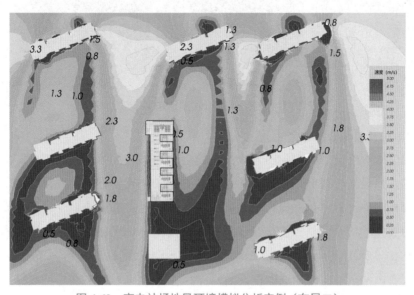

图 4-62　变电站场地风环境模拟分析实例（布局二）

5. 热量通风仿真分析

电气设备发热量大，但户内变电站电气设备布置紧凑，要保证变电站的安全运行，必须设计合理的通风方案。以 BIM 模型为基础，利用 CFD 技术对电气设备室内通风降温开展数值模拟，分析风口布置、通风方式等对室内温度变化的影响，指导设计方案优化。主变压器室火灾排油仿真模拟实例如图 4-63 所示，变电站自然通风仿真模拟实例如图 4-64 所示。

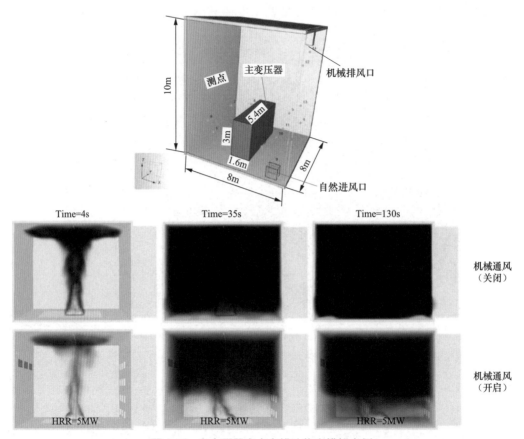

图 4-63　主变压器室火灾排油仿真模拟实例

6. 碳排放模拟计算分析

为响应碳达峰碳中和目标，作为高耗能行业的电力行业正在加快推广应用减污降碳技术，建设新一代绿色低碳变电站就是其中一个重要方面。在设计阶段通过专业模拟分析软件计算变电站全寿命周期碳排放，同时考虑土建部分和变电设备因工艺引起的温室效应全面认识变电站碳排放，从而指导选用相关绿色低碳技术［如进行围护结构设计优化、选用混合气体 GIS 设备和天然酯油变压器等（见图 4-65）］，最终达到变电站全寿命周期低碳设计的目标。基于 BIM 技术的变电站碳排放模拟计算分析和变电站碳排放计算实例分别如图 4-66 和图 4-67 所示。

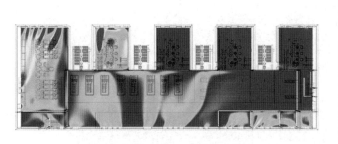

（a）户内变电站首层1.2m风速云图

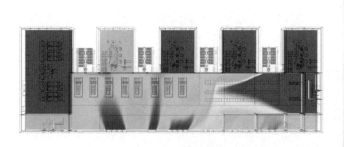

（b）户内变电站首层1.2m空气龄

图 4-64 变电站自通风仿真模拟实例

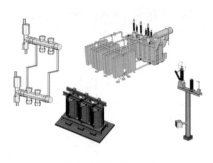

（a）电力设备BIM模型　　　　　　　　（b）天然酯油变压器

图 4-65 电力设备 BIM 模型和天然酯油变压器实例

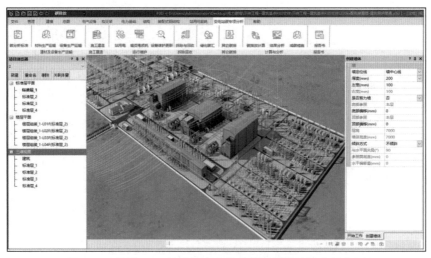

图 4-66　基于 BIM 技术的变电站碳排放模拟计算分析实例

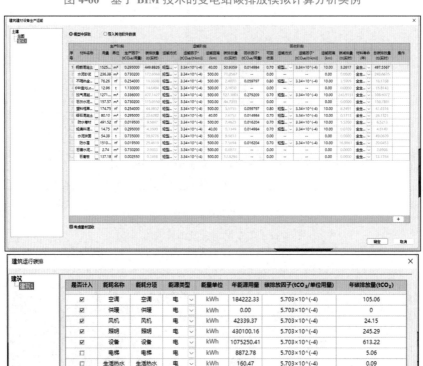

图 4-67　变电站碳排放计算实例

五、BIM 出图及统计分析

（一）BIM 出图及材料统计

各专业基于全站 BIM 模型，自动抽取图纸和工程量清单，图纸和工程量清单与全站 BIM 模型保持动态关联。

1. 电气专业

电气一次专业基于主接线模型，生成全站电气接线图，基于布置模型，生成轴测图、平面布置图、断面图、设备安装图、电缆构筑物图、设备材料汇总表、电缆清册及电缆敷设详图。BIM 模型联动出图及材料统计如图 4-68 所示，阀厅的 BIM 模型和基于 BIM 模型生成的配电装置图纸分别如图 4-69 所示。

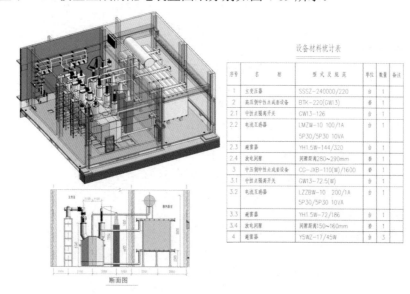

图 4-68　BIM 模型联动出图及材料统计

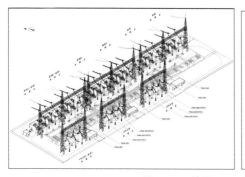
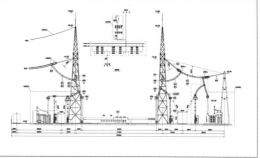

图 4-69　基于 BIM 模型生成的配电装置图纸

电气二次专业基于原理图，自动生成端子排图、电缆清册、端子接线表、测点清册、电缆接线表。电气二次端子排图如图 4-70 所示。

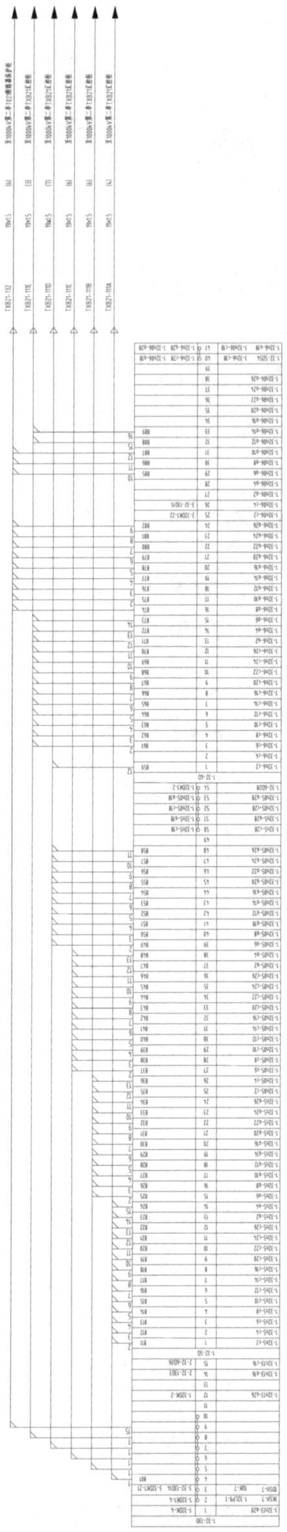

图 4-70　电气二次端子排图

2. 土建专业

建筑专业设计完成变电工程中各单体建筑 BIM 模型，抽取施工图纸及统计材料量。以主控楼 BIM 模型为例，主控楼 BIM 模型与电气、水暖等相关专业完成协同配合后，设计人员按制图规范从模型中抽取主控楼各层平、立、剖面图、细部详图和门窗统计表，完善图纸细节后出版。主控楼数字化出图和建筑立面数字化出图实例如图 4-71 所示。

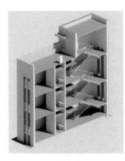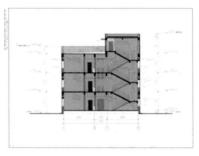

（a）主控楼BIM模型　　　　　　　　（b）主控楼数字化出图

图 4-71　主控楼 BIM 模型主控楼数字化出图实例

结构专业根据构架的单线方案图建立构架的 BIM 模型，同时进行钢结构节点深化设计。设计人员按制图规范从模型自动抽取构架各类施工图，包括结构透视图、构件布置图、构件详图和零件详图，以及精确的材料统计表，形成数字化设计成品。构架 BIM 模型、基于 BIM 模型抽取的构架柱及构架梁详图的实例分别如图 4-72 ～图 4-74 所示。

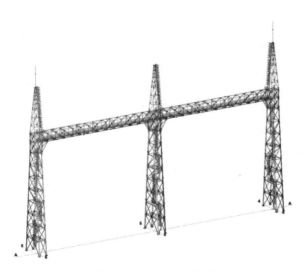

图 4-72　构架 BIM 模型

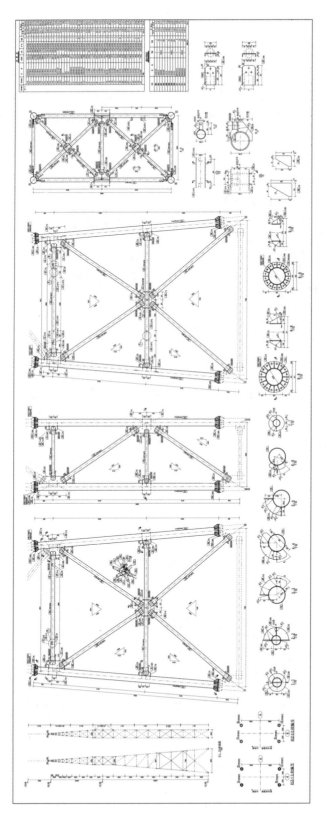

图 4-73　基于 BIM 模型抽取的构架柱详图

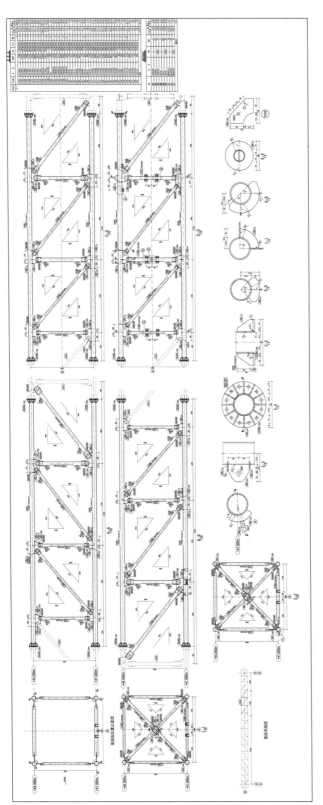

图 4-74 基于 BIM 模型抽取的构架梁详图

（二）智能化设计物资填报

采用数据同步、数据融合、数据交互等技术，实现 BIM 模型与物资系统无缝对接。通过将物资基础数据导入 BIM 设计软件，根据设计成果自动提取精确的物资上报数据，根据库存信息进行物料选型，结合技术规范书编制需求清册，并完成数据推送，实现智能化物资上报。

基于 BIM 模型的设计物资填报，可显著降低物资数据维护的工作量，提高库存管理效率，减轻设计人员物资上报的工作负担，提高上报物资数据的准确性，避免出现错漏情况。智能化设计物资填报示意如图 4-75 所示。

序号	专业	设备名称	型号及规格	需求数量	单位	物料编码	物料来源	物料描述	技术规范ID	扩展描述	招标模式
1	电气一次	交流支柱绝缘子	AC35kV	68	只	500005571	全量库	交流支柱绝缘子,AC35KV,弯,6KN,...	9906-500005571-00012	正装,-35℃～+40...	输变电协议库存
2	电气一次	35kV 避雷器	YH5WZ-51/134...	6	台	500004652	标准库	交流避雷器,AC35KV,51KV,硅,134...	9906-500004652-00018	支架安装，-40℃...	输变电协议库存
3	电气一次	110kV 避雷器	Y10W-102 / 266	22	台	500004660	标准库	交流避雷器,AC110KV,108KV,硅...	9906-500004660-00023	支架安装，-40℃...	输变电协议库存
4	电气一次	220kV中性点成套装置	中性点成套装置	2	套	500070601	标准库	220KV交流中性点成套装置,硅橡...	9906-500070601-00005	铜；镀锌钢支架；...	输变电协议库存
5	电气一次	110kV中性点成套装置	中性点成套装置	2	套	500070598	标准库	110KV交流中性点成套装置,硅橡...	9906-500070598-00030	无放电间隙；镀锌...	输变电协议库存
6	电气一次	220kVGIS母线设备间隔	GIS: 252kV 400...	2	间隔	500132871	标准库	220KVGIS组合电器,无开关,母线...	9906-500132871-00012	220kV变电站，智...	输变电协议库存
7	电气一次	220kV GIS主变进线间隔	GIS: 252kV 400...	2	间隔	500006217	标准库	220KVGIS组合电器,50KA,主变间...	5216-500006217-00004	A类，220kV变电...	输变电协议库存
8	电气一次	220kV GIS母联间隔	GIS: 252kV 400...	1	间隔	500006221	标准库	220KVGIS组合电器,50KA,母联间...	9906-500006221-00011	500kV变电站，双...	输变电协议库存
9	电气一次	220kV GIS出线间隔	GIS: 252kV 400...	4	间隔	500091570	标准库	220KVGIS组合电器,无开关,架空...	5216-500091570-00002	A类，500kV变电...	输变电协议库存
10	电气一次	110kV GIS主变进线	GIS: 126kV 315...	2	间隔	500123811	标准库	110KVGIS组合电器,无开关,主变...	5216-500123810-00004	A类，110kV变电...	输变电协议库存
11	电气一次	110kV GIS母线设备II母	GIS: 126kV 315...	1	间隔	500130926	标准库	110KVGIS组合电器,无开关,母线...	9906-500130926-00025	双母线、双母线分...	输变电协议库存
12	电气一次	110kV GIS母线设备 I母	GIS: 126kV 315...	1	间隔	500130926	标准库	110KVGIS组合电器,无开关,母线...	9906-500130926-00025	双母线、双母线分...	输变电协议库存
13	电气一次	110kV GIS母联	GIS: 126kV 315...	1	间隔	500006113	标准库	110KVGIS组合电器,40KA,母联间...	9906-500006113-00009	220kV变电站，智...	输变电协议库存
14	电气一次	110kV GIS出线	GIS: 126kV 315...	4	间隔	500006105	标准库	110KVGIS组合电器,40KA,架空出...	9906-500006105-00039	220kV变电站，双...	输变电协议库存
15	电气一次	35kV框架式电容器组	10000kvar,417k...	4	组	500057961	标准库	35KV框架式电容器组（不含电抗...	9906-500037244-00009	户外布置，电抗器...	输变电协议库存
16	电气一次	35kV框架式电容器组	10000kvar,417k...	4	组	500057961	标准库	35KV框架式电容器组（不含电抗...	9906-500037244-00009	户外布置，电抗器...	输变电协议库存
17	电气一次	主变压器	SSZ11-240000/...	2	台	500000797	标准库	220KV三相油浸有载变压器,240M...	5216-500000797-00020	A类,230(220)/121...	输变电协议库存
18	电气一次	35kV站用变压器	S11-400-35，D...	2	台	500007391	全量库	10KV变压器,500KVA,普通,硅钢片,...	5266-500007391-00005	10(10.5)±2×2.5%...	输变电协议库存

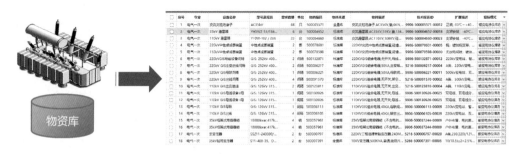

图 4-75　智能化设计物资填报示意

（三）基于 BIM 技术的造价分析

根据 BIM 模型提取工程量，同时经过工程量专业规则库自动处理，生成满足技经专业要求的工程量数据；基于 BIM 模型计算工程量的方法，为工程造价分析工作提出新的参考模式，促进了工程造价的精益化发展。未建模材料表单、构架梁材料表单、基于 BIM 模型的造价分析原理示意分别如图 4-76 ～图 4-78 所示。

方案 220kV标准工程　（带 为有模型数据）

一般土建
给排水
采暖通风及空调
照明
220kV配电室
一般土建
采暖通风及空调
照明
110kV配电室
一般土建
采暖通风及空调
照明

序号	模型	名称	型号及规范	单个工程量	单位	系数	工程量余量
1		基础梁	200x500	1.1	m³	1.2	1.32
2		沉降观测点	钢	10	个	1	10
3		电缆沟	内嵌式1100x1000	18	m	1	18
4		盖板	内嵌式1100x1000	18.2	m²	1.2	21.84
5		沟道侧壁	内嵌式1100x1000	10	m³	1.3	13
6		沟道底板	内嵌式1100x1000	2.5	m³	1.3	3.25
7		沟道底壁	内嵌式1100x1000	3.04	m³	1.3	3.95
8		屋面板	400	0.92	m²	1.2	1.11
9		板式雨棚		4.5	m²	1.2	5.4
10		间隔墙	轻钢龙骨石膏板	52	m²	1.2	62.4

图 4-76　未建模材料表单

序号	项目编码	项目名称	项目特征	计量单位	工程量	备注
		变电站建筑工程				
		一、主要生产工程				
		1 主要生产建筑				
	BT1404	1.4.4 110kV配电装置室				
28	BT1406H14001	钢梁	1.品种:H型钢结构 2.规格:HW400x400x13x21	t	1.72	
29	BT1406E15001	隔(断)墙	1.骨架、边框材料种类、规格: 2.隔板材料品种、规格、品牌、颜色: 3.面层装饰:按类别	m²	52	
30	BT1406A18001	回填方	1.回填要求: 2.回填材质及来源:	m³	200	
31	BT1406G18001	混凝土墙	1.墙类型:结构墙 2.墙厚度:300 3.混凝土强度等级: 4.混凝土种类:加气混凝土块	m²	64	
32	BT1406E11001	金属墙板	1.墙板材质、规格、厚度: 2.复合板夹芯材料种类、层数、型号、规格:	m²	68	
33	BT1406E17001	零星砌体	1.名称:板式雨棚 2.砌体材质:444 3.砂浆强度等级:	m²	4.5	

图 4-77　构架梁材料表单

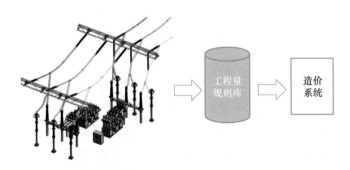

图 4-78　基于 BIM 模型的造价分析原理示意

1. 形成 BIM 设计与技经数据对接标准

设计软件实现模型、业务数据、实物量的多层级表达，并向下游移交标准化数据成果。

2. 在 BIM 模型基础上编制算量数据

造价系统复用、转化 BIM 设计成果数据，并根据技经规则进行汇总统计，同时支持工程量补充录入。

3. 综合运用知识库形成三维造价成果

在完整工程量基础上，通过引用系统知识库中的定额、信息价、取费模板完成组价调价操作，最终输出造价成果报表。

基于 BIM 模型的造价分析流程如图 4-79 所示。

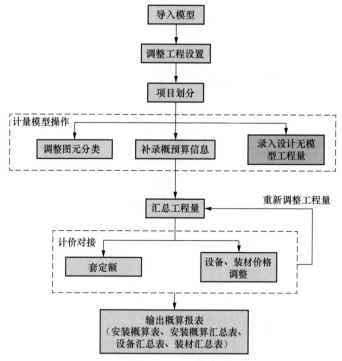

图 4-79　基于 BIM 模型的造价分析流程

电网工程 BIM 模型设计端各类构件具有行业专业性，在将设计成果转化为工程造价成果的过程中，为了能更快捷地出量，提高技经人员的工作效率，减少设计与造价之间的信息传递成本，建立电网工程行业专有造价模型设备材料库与电网工程 BIM 模型进行专业联动。设备材料库的名称可以作为关键字和设计模型进行联动识别，从而提高造价计算的工作效率。

小结

　　基于 BIM 技术的变电设计，从 BIM 模型结构树开始，它是变电站 BIM 模型及数据的管理框架，是后续模型高级应用及数字化移交的基础；然后，开展全专业 BIM 建模，进行三维布置设计及优化，实现多专业协同的全站精细化设计和方案优化；接着，在全专业模型总装及数据集成的基础上，可以进行空间、电气、力学、环境等多维计算分析与仿真模拟，保证设计方案的可行性与可靠性；最后，回归到出图与材料统计等需求，实现智能化设计物资填报、造价分析等功能。BIM 设计的深度应用，实现了变电设计各专业的紧密协同，为计算、统计、分析、模拟、出图等工作提供了更坚实、更便捷的数据支撑。

第三节 基于 BIM 技术的输电设计

输电线路工程涉及地域范围广泛，外部环境复杂多变，受到自然环境因素和社会因素的制约。因此，在输电设计中应用 BIM 技术不能简单照搬一般建筑领域的模式。近年来，国内各设计单位积极探索基于 BIM+GIS 融合的输电设计，将三维模型、地理信息等不同来源的数据整合到统一的数字化平台中进行综合性管理，为设计人员进行协同工作和决策提供支持。

一、路径设计

输电线路的路径设计需要综合考虑沿线地形、地貌、地物、气象等多种因素，做到"线中有位"，以确保线路的安全稳定。为实现这一目标，应用 BIM+GIS 技术手段，为设计人员提供多维视角，并实现多视图联动，进而提升路径设计的效率和质量。

输电线路的路径设计采用一体化平台，将多信息源整合到一个统一的数字化平台中，提供更直观、全面和准确的设计信息。选线过程中，设计人员在平面地图上进行路径走向设计，在断面图上进行杆塔排布设计，三维视图实现对多源数据的整合并进行三维空间电气安全净距等各类校验，确保设计的合理性和可行性。

（一）"三视图"模式

BIM+GIS 模式下的路线设计多采用"三视图"模式——平面、断面和三维。三个视图整体协调配合，在屏幕上开辟多个视窗，设计人员可以随意地切换视窗，调整视窗的位置和大小。"三视图"联动路径设计如图 4-80 所示。三个视图采用同一数据源，实现实时联动，即在一个视图中对模型所做的操作可以在其他视图得到响应。例如，当断面视图中的铁塔排位发生调整时，平面和三维视图中的铁塔位置也随之变化；当平面视图中的路径发生调整时，自动更新断面视图中铁塔位置。三个视图又具有独立性，即每个视窗的视图比例及绘图区域是独立的，不会因为一个视图的缩放影响其他视图。

三维视图实现对多种数据的综合呈现，设计人员可以直观地观测线路沿线的地形情况。在计算机性能允许的条件下，也可以同步加载铁塔三维模型，设计人员可以更加快速地判断铁塔塔腿分布、导线风偏危险点等，提升设计效率。

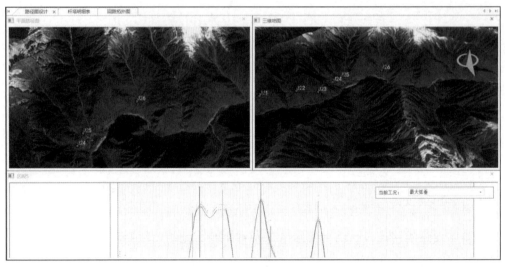

图 4-80 "三视图"联动路径设计

（二）设计校验

在初步完成路径规划、排定杆路位置、拟订杆塔型式和高度后，需要对设计方案进行设计校验。在 BIM+GIS 模式下，充分发挥系统对数据的整合能力，可以较为简便地进行各类校验，无须设计人员手动在每个校验点进行数据录入。目前，平台提供了批量校验功能，可以实现全线自动化校验计算，极大地提高了设计的准确性和效率。

1. 电气距离校验

基于 BIM 设计方法，可以进行绝缘子串的配置，并在三维场景中生成间隙圆，然后计算其与杆塔构件的相对位置关系，进而实现电气距离校验。此过程融合了 BIM 技术和电气工程知识，既保证了电气间隙符合设计要求，也确保了电气设备与杆塔构件之间的安全距离。这种方法能显著减少设计错误和施工风险，提升工程质量和安全性。转角塔塔窗电气距离校验（操作过电压）和直线塔塔窗电气距离校验（带电作业）的实例分别如图 4-81 和图 4-82 所示。

2. 塔串配合碰撞校验

输电线路工程设计时，不仅需要考虑金具与铁塔发生硬碰撞，还需要满足联塔金具的螺栓直径和宽度或开口，相对挂线角钢的螺栓孔径、双角钢间距或挂板厚度不能过大的要求，以防止第一金具在挂线过程中产生晃动并导致磨损。此种情况下的碰撞检查即检查物理尺寸是否配合，即检查联塔金具的螺栓直径、宽度与挂线角钢的孔径、双角钢间距之间的差值是否满足要求。塔串配合碰撞校验的实例如图 4-83 所示，包括导线耐张串、导线跳线串、地线耐张串、悬垂串。

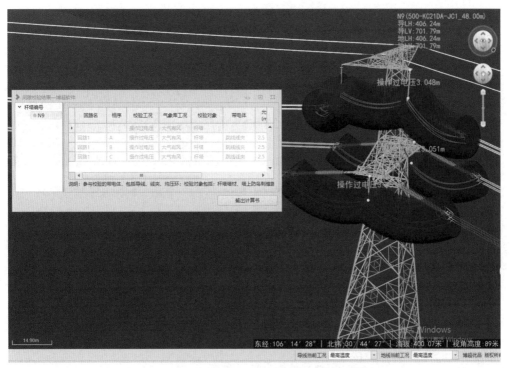

图 4-81 转角塔塔窗电气距离校验（操作过电压）

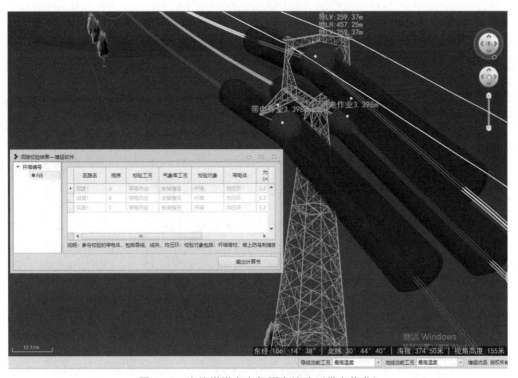

图 4-82 直线塔塔窗电气距离校验（带电作业）

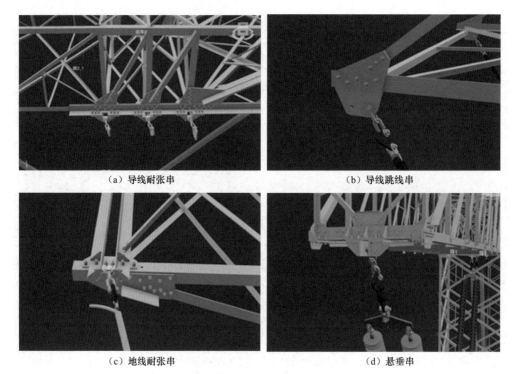

（a）导线耐张串　　　　　　　　　　（b）导线跳线串

（c）地线耐张串　　　　　　　　　　（d）悬垂串

图 4-83　塔串配合碰撞校验

3. 基于地形的电气间隙自动校验

利用三维杆塔模型和三维数字地形模型，结合外业实测数据修正数字高程模型（DEM）数据，实现导线在全工况下的电气间隙自动校验。这种方法可以有效完成各类地区选线、排位、风偏间隙校核、交叉跨越间隙校核等任务，优化路径方案，提升选线定位效率。电气间隙自动校验实例如图 4-84 所示。

图 4-84　电气间隙自动校验实例

（三）多方案比选

通过经济技术指标统计等功能，可以进行路径方案比选（见图 4-85）。比较的信息包括转角塔数、线路长度、曲折系数、杆塔数量、平均耐张段长、平均档距（每千米平均塔数）、平均呼高、平均每千米塔材数量等。同时，辅助设计人员进行线路路径缓冲区分析、交叉跨越数量统计、线路走廊统计等信息处理和分析统计。

图 4-85 路径方案对比

（四）通道清理

建立全线的全景三维模型，并进行外业调绘，构建整体线路通道的真实环境场景，对沿线房屋、树木等进行距离校核。同时，相关成果可以应用于输电线路工程后期运维的通道巡检。另外，通过外业采集带有地理信息的照片，然后与三维模型关联，得到虚拟与现实相统一的场景，实现通道清理相关数据的自动统计。房屋拆迁自动统计示意如图 4-86 所示。

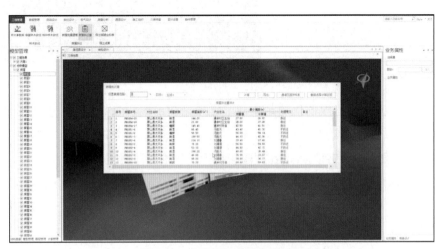

图 4-86 房屋拆迁自动统计示意

二、电气设计

（一）绝缘子串

绝缘子串 BIM 设计重点解决三维模型构建、塔串配置和空气间隙校核这三个问题，因此绝缘子串的构建对于整个设计流程至关重要。

绝缘子串建模有参数化建模和实体三维组装两种方式。在初步设计阶段，工程只要求绝缘子串通用模型，以整串为单位，采用参数化建模方式生成。而在施工图设计阶段，要求产品模型，由绝缘子和金具模型组装构成，各个零件间采用几何约束来连接。

参数化建模时，以绝缘子串与杆塔连接点为原点，多挂点时原点为最高挂点所在水平面与绝缘子串挂线点中心铅锤线的交点。绝缘子串的参数化描述包括型号 ID、导线分裂数、分裂信息（排列方式、间距）、串用途（导线串、地线串）、串类型（悬垂串、耐张串）、V 串夹角、U 串连接长度、金具长度、联数、排列方式、绝缘子信息（半径、片数、材质等）、均压环信息（个数、高度、半径、位置）、接线点信息等。绝缘子串参数化建模的实例如图 4-87 所示。

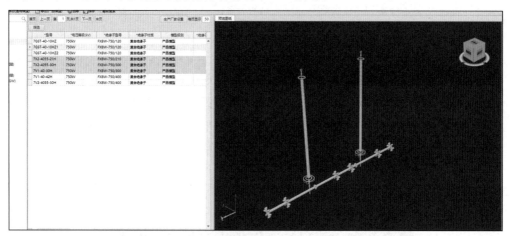

图 4-87　绝缘子串参数化建模

绝缘子串参数化建模的优势是生成三维模型快，核心参数调整方便，非常适合在工程可研、初设阶段的方案论证场景下应用。但是，参数化模型无法根据工程实际精确布置均压环等控制因素，在间隙校核等场景下应用受限。

实体三维组装是基于金具元件三维模型（见图 4-88），通过可视化的交互操作，快速组装 I 串、V 串，鼠笼跳线串等。组装时支持金具连接关系检查、碰撞检查和金具荷载匹配。绝缘子串组装后，自动计算整串长度、重量和受风面积等参数。组装完成的绝缘子串模型示例如图 4-89 所示。

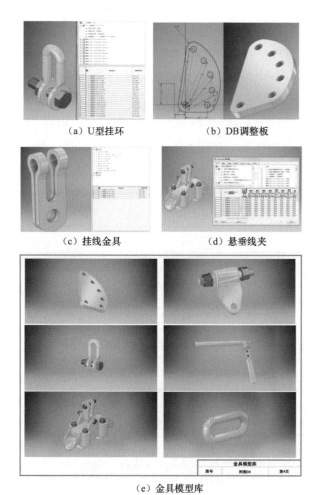

（a）U型挂环　　　　　（b）DB调整板

（c）挂线金具　　　　　（d）悬垂线夹

（e）金具模型库

图 4-88　金具零件三维模型

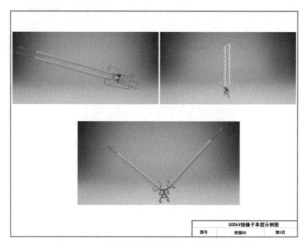

图 4-89　组装完成的绝缘子串模型示例

（二）导地线

在 BIM 软件中，可以通过内置的"电气计算"模块，求解各种情况下导地线的力学参数。在三维场景和平断面中，通过提取工程的气象数据、导地线数据、线路累距及杆塔信息，可进行导地线力学特性、挡内线长、连续上下山、断线不平衡张力、不均匀覆冰下不平衡张力等相关计算，可一键生成 CAD 格式的应力弧垂计算表（见图 4-90）和架线弧垂图纸。平台自动调用杆塔排位时设置的气象条件，避免了传统设计时手动输入导线参数、气象条件等步骤，减少了人工输入的出错率。

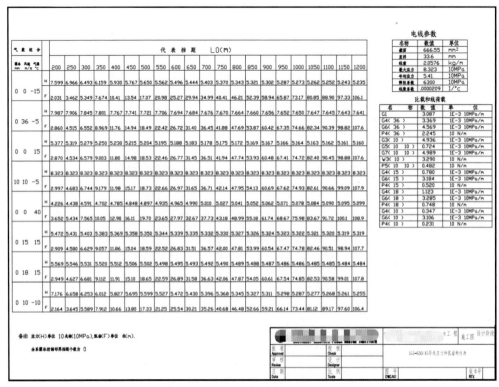

图 4-90　导线应力弧垂特性表

三、结构设计

（一）铁塔

1. BIM 建模

铁塔是架空输电线路的重要组成部分。铁塔 BIM 设计本质上是钢结构设计，从建模精度上可分为通用模型和产品模型。通用模型多采用参数化模型形式，产品模型多采用铁塔放样软件生成，与其他三维设计平台交互时多采用 STL、FBX 等格式。

根据 GIM 的定义，铁塔参数化模型目前仅能表述节点编号、相对坐标、杆件规格、杆件材质、角钢肢（或钢管）朝向、挂点属性和坐标信息，对于杆件之间实体层面的相对位置关系缺乏相应的细节描述，可能导致不同软件平台复原实体模型时有差异。因此参数化模型文件格式和信息还需要进行拓展和深化，建立统一标准才能满足铁塔数字化模型的远期需要。铁塔的参数化模型如图 4-91 所示。

图 4-91　铁塔的参数化模型

铁塔产品模型的构建可以通过铁塔实体放样系统来实现，其过程包括导入铁塔计算模型，然后配置塔材形式、节点样式等以完成精细化建模，铁塔精细化模型包含角钢肢朝向、挂线点、连接节点板、螺栓等。铁塔精细化模型局部示意图如图 4-92 所示。然而，构建铁塔产品模型的主要问题是精细化建模工作量大，需要对铁塔加工工艺较为熟悉的人员建模。

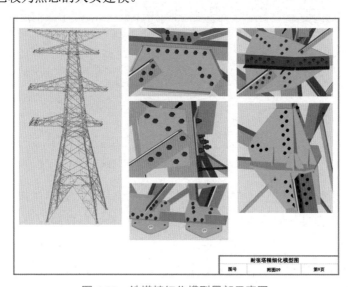

图 4-92　铁塔精细化模型局部示意图

2. 设计加工一体化应用

铁塔精细化建模可以为设计加工一体化提供支撑。铁塔设计加工一体化平台在产品设计端通过协同研发环境完成产品设计后，基于设计制造一体化平台直接传送物料清单 (Bill of Material，BOM)、设计更改等设计相关数据给工艺设计部门。工艺设计部门经过工艺顶层规划、零件工艺规划、工装申请、定额管理、加工编程仿真和作业指导书输出，完成零件工艺设计。工艺 BOM、工艺路线和文件通过集成接口传送到下游生产计划系统和制造执行系统，指导车间现场工作。整个过程中，设计制造一体化平台提供基础支撑、资源管理和系统集成管理功能，来保障产品研制工作的顺利开展。

（二）基础及环水保

塔基三维模型主要包括地形、地质、塔腿、基础和防护及环水保设施等元素。杆塔基础一般以产品模型的形式构建，每种基础类型的外轮廓与塔脚连接部分均可以分解成若干基本三维图元（如长方体、圆柱体等）。因此，以基础模型顶面中心为原点，对构成基础的基本图元参数进行描述，将其进行组合，如图 4-93 所示。

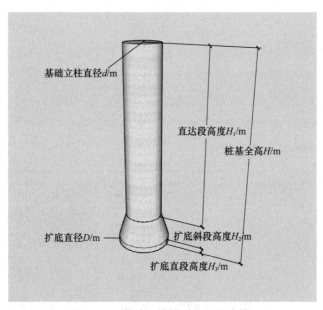

基础立柱直径d/m

直达段高度H_1/m

桩基全高H/m

扩底直径D/m

扩底斜段高度H_2/m

扩底直段高度H_3/m

图 4-93　基础三维模型参数化建模

传统的环水保措施设计主要依赖二维图纸进行表达，常存在标注位置不准确、可操作性差、工程量与实际情况存在差异等问题，导致后期验收出现争议。采用环水保 BIM 设计技术，可在小场景中逐基进行塔位三维环水保措施设计，将其与环境保护及水土保持方案充分结合，不仅可以提高施工质量，将工程对环境产生的影响控制在最低水平，而且有利于环水保验收和维护。护坡、堡坎、挡土墙参数化建模实例如图 4-94 所示，基础及环水保三维设计实例如图 4-95 所示。

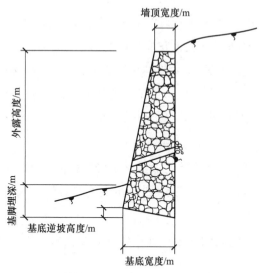

图 4-94　护坡、堡坎、挡土墙参数化建模实例

借助 BIM 设计技术，针对环水保报告及审查、批复意见，可在地理信息系统中进行环保水保措施专项设计，并逐级响应环保要求、实施措施。工程施工及竣工验收过程中，施工及验收人员结合三维数字化成果进行质量控制和工程量核对，不仅方便快捷，而且可以直观查看工程的整体建设进度和状态，提高了工程环水保措施的建设质量、保证了环水保审查意见的落实、方便了线路工程的运行维护。

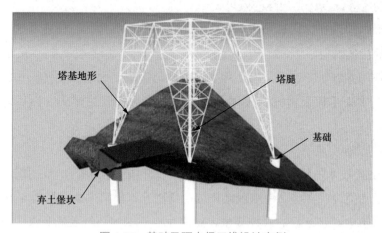

图 4-95　基础及环水保三维设计实例

四、BIM 出图

实现由 BIM 模型正向出图是衡量项目 BIM 成效的关键指标。在建筑领域，BIM

模型正向出图主要由三维模型投影、剖切等方式，生成平、立、剖、断等特征面图纸，进一步创建文本、尺寸标注，最终形成图纸成果。对于输电线路工程BIM设计，上述手段远远不够，还需要设计人员对BIM建模成果进行抽象概括与加工。因此，在利用BIM技术进行输电线路工程正向出图时，要合理规划不同要素的二维表达方式，实现准确、简洁地传递设计方案。输电线路工程图纸主要包括路径方案图、铁塔加工图、基础施工图和绝缘子串组装图。绝缘子串组装图一般采用典型设计图纸，直接从三维模型抽取图纸较少，这里不做详细介绍。

（一）路径方案图

基于GIS的输电线路路径出图，就是从多源数据的电子化表达生成出版图纸。

（1）选择合适的地图样式，以达到图面表达的最佳效果。地图样式包括色彩、标注、比例尺、图例等。

（2）在地图上添加必要的元素，如比例尺、指南针、图例等，以便更好地说明地图的内容。

（3）选择合适的地图投影方式，以便更好地展示地理信息。不同的投影方式能够展示不同的信息，比如大范围地图通常使用等角投影，而小范围地图则使用等面积投影。

（4）对地图数据进行处理和编辑，包括对地理特征进行提取和标注、对地图上不同区域填充不同颜色等。

（5）根据实际情况对地图进行调整和修改，比如调整标注的大小和位置、调整色彩和透明度等，以达到最佳的效果。

（6）对地图进行优化和美化，包括对地图的排版、字体、颜色等进行调整，以达到更好的视觉效果。

（7）增加签署等图签，导出出版。路径图出版中，为减轻设计人员配置GIS数据的难度，多采用模板模式，根据元素属性生成对应表达模式，然后再进行人工微调。

（二）铁塔加工图

基于BIM技术的铁塔三维模型主要包括原始BIM模型、二维图纸、BIM模型应用文件及其他说明文档。铁塔图纸可以由铁塔三维模型生成，如图4-96和图4-97所示。根据输电线路工程的管控要求，最终生成的二维图纸要满足电力行业输电铁塔制图规定的要求。同时，铁塔三维正向设计不仅仅局限于图纸出版，整个数据在铁塔设计加工一体化平台上才能发挥更大的作用。

图 4-96　铁塔 BIM 模型

（三）基础施工图

输电线路基础 BIM 设计出图主要包含铁塔使用条件、塔腿配置、基础配置、地形地貌描述、施工说明、水土保持设计等模块。由于基础相关 BIM 模型均采用参数化建模，出图较为简单，一般按照图纸布局要求生成相关数据，如图 4-98 所示。

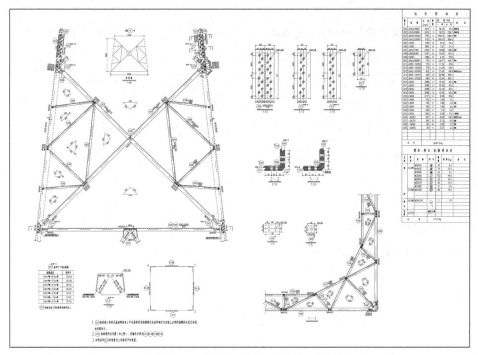

图 4-97　铁塔三维模型生成图纸

序号	塔位号	塔位点	塔型及呼称高(m)	转角度数	定位高差(m)	接身呼高(m)
	BN2001	BJ201	JG261A-48	右18°53′	-5.2	32.0

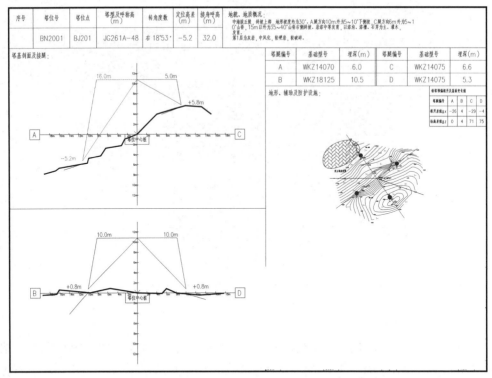

塔腿编号	基础型号	埋深(m)	塔腿编号	基础型号	埋深(m)
A	WKZ14070	6.0	C	WKZ14075	6.6
B	WKZ18125	10.5	D	WKZ14075	5.3

图 4-98　基础 BIM 图纸生成

小结

　　输电设计采用 BIM+GIS 技术手段，可有效整合多源信息，优化设计流程，提高生产效率。在路径设计中，可以为设计人员提供平面地图、断面图和三维视图等多元化视图，辅助进行路径走向和杆塔排布设计，以确保设计的合理性和可行性，提升路径设计的效率和质量；在电气设计中，可以有效解决绝缘子串的三维模型构建、塔串配置和空气间隙校核等问题，可以自动提取数据分析导地线的力学特性等，进而批量计算导地线应力弧垂及架线弧垂；在结构设计中，可以实现铁塔的精细化设计和材料量的精细化统计，为设计加工一体化提供支撑，可以实现环水保方案的细化设计；在 BIM 出图方面，可实现路径方案图、铁塔加工图、基础施工图正向出图，准确、简洁地传递设计方案。

第四节　基于 BIM 技术的数字化评审

　　基于 BIM 技术的数字化评审以更加直观的方式呈现工程设计方案，并全面展示工程本体和数据信息，提升可研方案评审、设计评审、设计交底等工作的便捷性。此外，基于 BIM 技术的数字化评审还增强了多方参与度，使得可视化、交互式的实时沟通得以实现。

一、基于 BIM 技术的可研方案评审

基于 BIM+GIS 技术，利用高精度卫星影像、航空影像与数字高程模型，叠加工程可研成果，搭建三维数字沙盘，复原工程区域地形地貌，辅助可研方案评审。在电网工程可研方案评审中，聚焦关键评审场景，以可研方案可视化及文档资料电子化为基础，利用数字化工具辅助专家开展精细化审查，提升可研评审质量与效率。

1. 三维数字沙盘辅助可研方案评审的流程

利用三维模型、空间交叉分析、大数据、遥感等技术手段，将 BIM 与高精度三维地理信息场景融合，构建三维数字沙盘，依据可研评审工作流程，形成线上、线下组合评审模式，为专家提供方案比选查看、障碍物要素查看、地形地貌查看、空间精准分析等功能，辅助可研方案评审。三维数字沙盘辅助可研方案评审流程如图 4-99 所示。

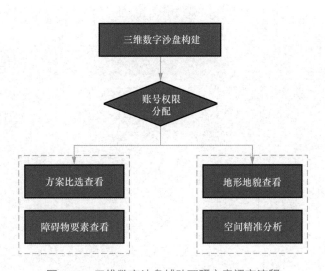

图 4-99　三维数字沙盘辅助可研方案评审流程

2. 可研方案可视化展示

构建工程可研成果数据库，借助 GIS、云服务等技术手段，实现通道障碍物要素（风景保护区、矿区、基本农田、生态红线等）、可研方案在线查看，辅助确定其空间关系；同时支持详细展示重要区段可研方案建议，辅助工程可研成果多角度查

看、全方位分析。可研方案及通道障碍物查看实例如图 4-100 所示，可研方案比选查看实例如图 4-101 所示，路径关键点问题查看实例如图 4-102 所示。

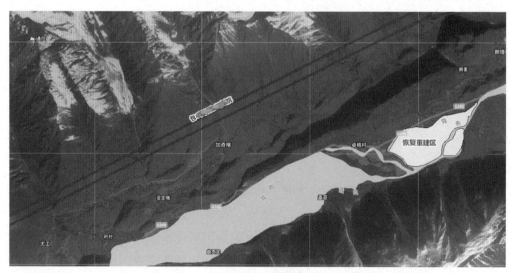

图 4-100　可研方案及通道障碍物查看实例

图 4-101　可研方案比选查看实例

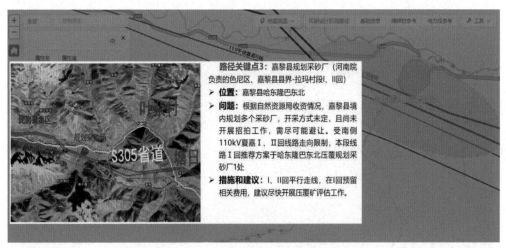

图 4-102　路径关键点问题查看实例

3. 方案精细化评审

以三维数字沙盘为载体，融合高精度航空遥感数据及工程可研成果等信息，从微观三维角度支撑线路关键点、站址选择、设计方案分析量测（包括长度、面积、坡度）、站址周边地理环境要素可视化判别（包括地质、交通、水源），辅助评审专家精准快速对方案作出预判和决策，提高方案的经济性和可行性。线路冲刷堆积型地质分析实例如图 4-103 所示，站址备选方案比选实例如图 4-104 所示，站址坡度分析实例如图 4-105 所示。

图 4-103　线路冲刷堆积型地质分析实例

图 4-104　站址备选方案比选实例

图 4-105　站址坡度分析实例

二、基于 BIM 技术的数字化设计评审

以 BIM 模型为基础，依据设计标准规范、设计评审管理指导意见等，重构数字化设计评审模式。通过统一的平台，基于 BIM 技术，实现多参与方协同的设计

评审，提升设计方案的合理性、方案优化的可行性，便于施工过程中设计方案的实施、深化，以设计评审手段的平台化、智能化、实时化，促进设计评审更加规范化、直观化。基于 BIM 技术的数字化设计评审可以提升整体评审质量及效率，深化各方参与度。

1. 人工智能辅助设计评审的流程

立足设计评审工作的实际需要，采用人工智能、大数据、云计算等技术，实现智能化设计审查，即 AI 审查辅助专业评审、生成审查意见并自动生成审查报告。人工智能辅助设计评审流程如图 4-106 所示。

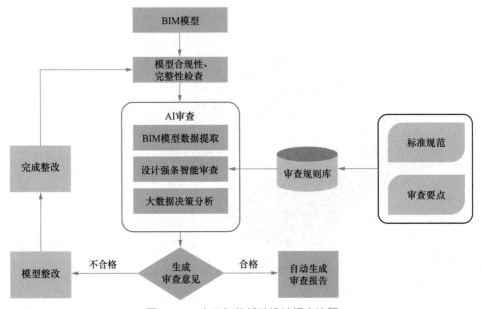

图 4-106　人工智能辅助设计评审流程

2. 提升审查效率及准确性

AI 审查可将标准规范、审查要点等审查依据固化到审查规则库中，从而进行快速复用，提高审查效率。AI 审查可以对电网工程 BIM 模型等设计成果的规范性、完整性、正确性、冗余性等进行自动审查，而审查人员可以观察三维模型、查看相关属性，以 AI 辅助人工的方式快速给出审查意见。BIM 智能审查审批如图 4-107 所示。

3. 解决 BIM 模型变更痛点

对于不同阶段模型和版本的模型，上传后通过 AI 智能对比进行差异化审查，可自动定位至发生变更的模型部分，确保不同模型版本和模型阶段的变化，解决不同版本模型之间变化的痛点。智能 BIM 比对模型如图 4-108 所示。

图 4-107　BIM 智能审查审批

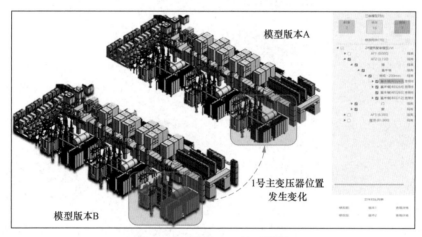

图 4-108　智能 BIM 比对模型

4. 自动校核工程量

从电网工程 BIM 设计成果中提取工程量，与标准方案或者已审定的方案进行对比，辅助分析工程建设指标的合理性。例如，从线路工程设计成果中自动提取、汇总杆塔、基础、绝缘子串、金具、导地线、间隔棒、防震锤等设计元素材料量使用情况，辅助验证设计单位所提工程量是否与实际设计相匹配。自动化工程量校核实例如图 4-109 所示。

5. 高效审查关键技术点

从地理信息系统及三维设计模型中自动获取计算参数，自动化、智能化进行全线安全距离校验，直观展现校验数值，并将计算结果与校验参数的基准值进行对比分析，对超过标准范围的异常数据予以标识，自动预警。全线安全距离校验的实例如图 4-110 所示，杆塔使用条件校验实例如图 4-111 所示，关键位置自动测量校验实例如图 4-112 所示。

图 4-109 自动化工程量校核实例

图 4-110 全线安全距离校验实例

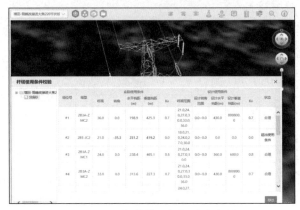

图 4-111 杆塔使用条件校验实例

对换流站出线重点区段，利用三维线路本体及通道 GIS 模型，进行不同工况下对地距离、换流站构架（围墙）距离、障碍物距离、交叉跨越距离、相间（极间）距离、塔头间隙等电气间隙校验。同时，对挂点和塔脚连接处建立包含杆件、节点板、螺栓等信息的精细化模型，完成了组装碰撞校验。终端塔位测量校验实例如图 4-113 所示。

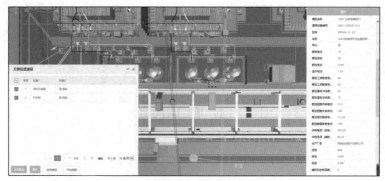

图 4-112 关键位置自动测量校验实例

图 4-113 终端塔位测量校验实例

6. 输出项目评审意见

通过对智能审查的项目进行统计分析并分类展示，便于统筹分析智能审查业务办理情况、BIM 审查意见被审图专家采纳情况，及时关注项目智能审查重要指标，形象化地监测项目应用情况，输出电网工程项目评审意见。

三、基于 BIM 技术的数字化设计交底

基于 BIM 技术的标准化交底流程（见图 4-114）可实现多端数据协同共享的标准化、智能化、多元化三维设计交底，将三维设计成果完整传递到施工环节。以 BIM 设计成果为素材，充分发挥三维交互、数据融通等优势，开展三维设计交底及施工图会检。设计交底也是设计单位与监理方、业主方、施工方共同对设计质量平台化交流的一个最佳途径，通过在线有效沟通，促进设计意图与施工工艺的结合。

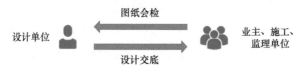

图 4-114 基于 BIM 技术的标准化交底流程

1. 设计交底与图纸会检流程

平台化的设计交底与图纸会检流程如图 4-115 所示。

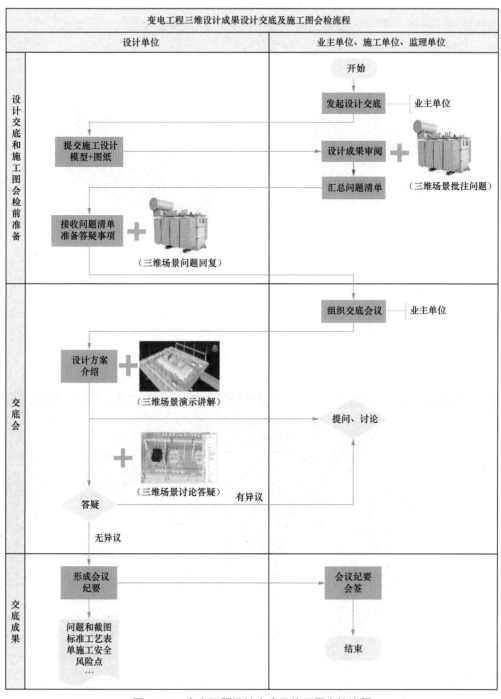

图 4-115　变电工程设计交底及施工图会检流程

通过 BIM 设计模型在移动端、Web 端的成果解析、轻量化展示，设计单位基于三维场景向建设单位和施工单位、监理单位直观表达设计意图、方案解释和重点事项，以便相关单位对设计成果有更加直观和准确的理解，解决过去口头交底不明确、图纸交底不直观、多专业数据查阅不便等问题，提升图纸会检和设计交底效率。变电站 BIM 模型设计交底如图 4-116 所示。

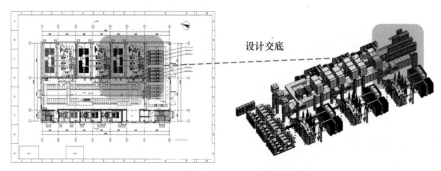

图 4-116　变电站 BIM 模型设计交底

2. 平台化在线协同

通过在线协同方式，将重点施工工序、复杂施工部位、隐蔽工程做法、施工安全风险点、政策处理难点和关键点位进行可视化图纸会检、设计交底，全面提升图纸会检及设计交底工作质效。BIM 设计交底在线协同实例如图 4-117 所示。

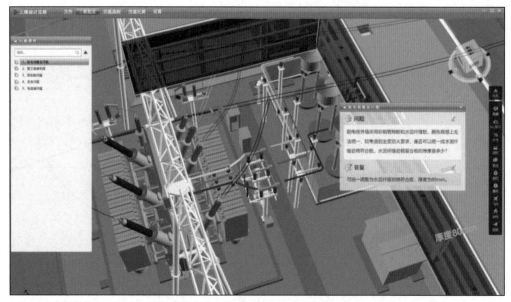

图 4-117　BIM 设计交底在线协同实例

3. 施工关键点阐述

BIM 技术在三维施工交底方面的应用越来越广泛。传统施工交底方式中，在施工现场采用图纸和文字说明等方式进行，不仅效率低，而且存在交底不够清晰、难以理解、容易出现误解等风险。BIM 技术能够将工程设计数据整合到一个模型中并通过三维可视化的手段呈现，使得施工交底更加清晰、直观、易于理解，从而提高施工质量和效率。

在重要交叉跨越施工中，基于 BIM 数据，建立设计和施工协同工作三维平台。在平台中，标识出高速公路、铁路、被跨越线路与输电线路本体的关系。在交底过程中，使用 BIM 模型展示和解释交叉跨越施工的关键步骤和要点，同时可以使用虚拟现实技术、演示动画等方式，让所有相关人员更直观地了解施工流程。使用 BIM 技术进行交底可以提高施工过程的协调性和可视化效果，降低误解和冲突，从而提高施工效率和质量。交叉跨越方案交底实例如图 4-118 所示。

图 4-118　交叉跨越方案交底实例

小结　　电网工程 BIM 模型不仅包含工程信息，还包含地形、基础设施等其他要素信息，可以将复杂的工程信息以直观的方式呈现出来，与地质条件、绿地红线、水文红线等数据进行比对，更好地诠释工程各项细节和要素之间的关系。

　　BIM 技术为电网工程可研方案评审、设计评审以及设计交底带来重大变革，为后续工程建设顺利实施提供基础。一方面，利用数字化工具智能辅助专家开展精细化审查，提升可研、设计评审质量与效率；另一方面，平台化数字化交底，为设计用意、方案落实以及多方沟通提供了充分展示的空间。

第五章

电网工程 BIM 施工应用

电网工程 BIM 技术的应用带来了施工管理与安装模式的变革，表现出施工管理平台化、施工安装智慧化等核心特征。施工管理平台化：以 BIM 技术为核心，建立统一的施工管理平台，集成并分析碎片化的进度、成本、质量、安全等多源数据，以提高管理决策效率。施工安装智慧化：以 BIM 设计模型为基础进行施工深化设计。通过充分应用 BIM 模型，并引入新设备和技术，以立体监测管控体系推动设备和工艺安装管控变革，实现电网工程电气设备和工艺智慧安装的灵敏感知、精准识别、快速分析、优化决策，以安装机具智能化引领现场建设模式变革。

本章从施工管理和智慧安装两方面介绍了电网工程 BIM 施工应用的理念与方法，以期提升电网工程项目精细化管理与安装智慧化水平。

第一节　基于 BIM 技术的施工管理

随着 BIM 技术的出现，其可视化、协调性、模拟性和优化性的特点为施工管理提供了新的解决思路。通过构建以信息模型为数据载体的 BIM 施工管理一体化平台可以解决施工过程中资源协调和优化调度的难题。

基于 BIM 技术的施工管理是以电网工程 BIM 模型为基础，集成物联网、云计算、大数据、人工智能等新技术，依托数字化手段形成的具有实时感知、精准控制、过程可视等特点的新型施工管理模式。BIM 施工管理的实时感知特点有助于施工管理人员动态了解现场进度；精准控制特点有助于控制成本支出，减少浪费；过程可视特点可实现可视化交底和工艺工序仿真，有助于施工人员充分理解设计意图，避免因对图纸理解不到位导致的风险事故和延期返工。BIM 施工管理实现了施工现场与数字化模型"同生共长"的施工模式变革。

一、基于 BIM 技术的进度管理

基于 BIM 技术的电网工程进度规划与管理方面的应用，能够帮助项目团队实现更加精确的进度计划，提高项目效率、质量和安全性。通过将时间维度与 BIM 模型

相结合，在兼顾成本、质量控制目标的同时，实现协同管理和冲突检测，可以提供更全面和准确的进度控制和管理。

（一）BIM 进度管理的准备

1. 构建用于进度管控的 4D 模型

4D 模型是将时间作为第 4 个维度，将电网施工程设计和施工进度与 BIM 模型相结合，生成的 BIM 模型。4D 模型作为一种可视的媒介，能使用户看到物体变化过程的图形模拟，还能对整个形象变化过程进行自动地优化和控制。通过将电网工程各元素的制造和安装进度与 BIM 模型的几何信息关联，可以实时展示项目在不同时间点的施工进度。这样的可视化模拟可以帮助项目团队更好地理解和计划施工序列，避免冲突和瓶颈。施工 4D 模型实例如图 5-1 所示。

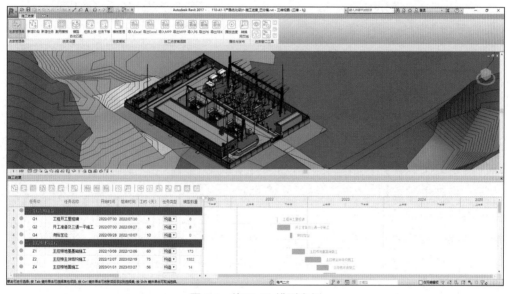

图 5-1　施工 4D 模型实例

2. 建立施工进度控制可视化场景

BIM 技术在施工环节开展应用首先需要解决模型的可视化问题，各类便携移动终端设备成为施工现场开展可视化交底的首选。通过模型轻量化技术基于三维设计模型、施工深化设计模型和图纸图档成果，构建二、三维融合的可视化场景。

利用 BIM 技术进行施工进度计划管理，通过对电网工程信息模型进行分析和优化，实现对施工进度的有效控制和管理。这种方法可以帮助电网工程项目的管理者更加准确地预测施工进度，及时发现和解决问题，从而提高项目的效率和质量。同时基于 BIM 技术的施工进度计划管控还可以提高项目的可视化程度，让施工进度更加直观可见，从而提高项目的透明度和可信度。可视化交底实例如图 5-2 所示。

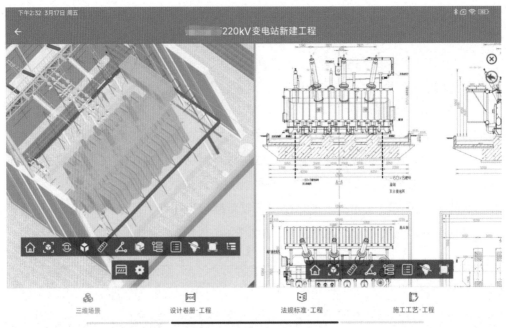

图 5-2　可视化交底实例

（二）BIM 进度管理的应用场景

BIM 技术在施工进度管理中的应用场景主要体现在以下几个方面：①施工进度规划与资源优化，利用电网信息模型根据施工资源（人员、机械、材料、工艺等）将施工过程进行分解，通过资源优化合理制定每个工作分解的时间；②施工模拟，将空间信息与时间信息整合在一个可视的 4D（3D+Time）模型中，直观、精确地反映整个建筑的施工过程；③进度监控，利用移动终端、视频识别等手段可以实时监督施工进度，与施工计划进行对比，及时发现并解决进度滞后的问题。

总的来说，BIM 技术在施工进度管理中的应用可以帮助实现更高效、精确的施工计划制定和执行，减少因资源冲突导致的进度失控，提高资源的利用效率。

1. 进度优化

利用 BIM 模型，可以进行电网工程施工进度模拟和优化。在设计阶段，可以使用 BIM 模型分析和比较不同设计方案的施工时长和资源消耗量，选择最优方案；在施工阶段，可以通过模拟不同的施工序列和资源分配方案，评估和优化进度计划，提高项目效率。基于 4D 技术的进度控制能够实现电网工程施工组织计划的三维可视化模拟，直观表现工程施工的施工进度计划。4D 模型还能够实时展现三维形式的工程进展、延误情况对比分析，工程进展统计等，通过直观的图形、报表辅助工程进度调整、控制等决策过程。进度预警实例如图 5-3 所示。

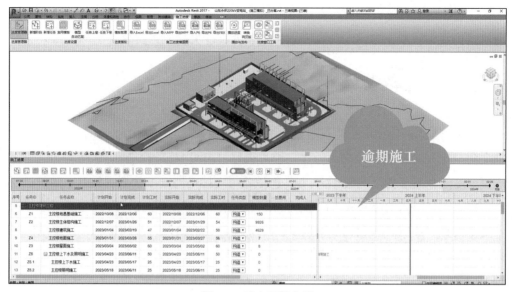

图 5-3　进度预警实例

电网工程可视化管理完成 BIM 模型与数字化技术融合，通过甘特图、网络图及三维动画等多种形式直观表达进度计划和施工过程，实现对施工进度的快速、准确地跟踪和分析，从而帮助项目管理者及时发现和解决施工中的问题。其直观、动态的施工过程模拟和重要环节的工艺模拟，能比较多种施工工序及工艺方案的可实施性，并为方案优选提供决策支持。施工进度跟踪实例如图 5-4 所示。

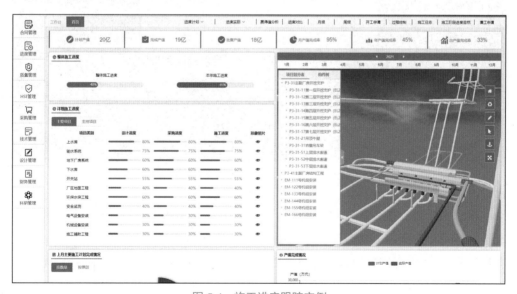

图 5-4　施工进度跟踪实例

BIM 技术在进度规划与管理方面能够帮助项目团队实现更加精确的计划和过程

优化，提高项目效率、质量和安全性。通过将时间维度与 BIM 模型相结合，实现进度信息可视化获取，电网工程各因素协同管理和冲突检测，提供更全面和准确的进度控制和管理。

2. 动态施工进度控制

基于 4D 模型，使得项目团队可以共享实时的进度信息，并进行协同管理。各个参与方通过访问 BIM 模型获取相关的进度信息，实现动态的进度计划调整。4D 模型集成工程实际进展信息，通过三维可视化的模拟与分析，辅助管理者明确工程进度偏差、预测工程延误的影响。4D 模型还可支持不同进度计划调整方案的模拟分析，提高项目团队的协同效率，减少信息传递的误差和延迟。

不同部门和管理人员可以及时了解到施工进度的情况，从而协调各个环节的工作，避免出现进度滞后或者资源浪费的情况。同时，通过共享数据，可以更加准确地分析施工进展的情况，及时发现问题并调整，从而提高整个项目的效率和质量。施工进度上报实例如图 5-5 所示。

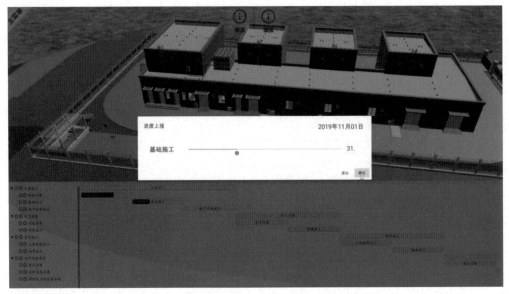

图 5-5 施工进度上报实例

BIM 技术可以通过施工流程模拟、施工信息按条件查询来给项目管理提供技术支持。使每个阶段计划做什么、工程量是多少、每一阶段的工作顺序是什么，都变得显而易见。"可视化"的进度管理，增强管理者对于工程内容和进度掌控的能力。

3. 冲突检测

利用 BIM 模型进行冲突检测可以在电网工程项目施工前期发现和解决施工序列和工艺之间的冲突。通过检测和调整电网工程 BIM 模型中的冲突，可以避免施工中的停工和返工，提高工程质量，强化进度过程控制。

4.　进度可视化管控

进度的可视化主要指两个方面：①利用现场填报的进度数据和 4D 模型关联构建三维场景下实时状态的工程模型，将具有时间和进度要素的模型与施工进度计划进行对比，分析当前进度情况并通过高亮方式在模型上直观地标识出进度滞后的部分；②通过 BIM 技术在电网工程进度管理中可以生成丰富的可视化进度报告，例如 Gantt 图、资源分配图和进度曲线等。这些可视化报告可以帮助项目团队和利益相关方更好地理解项目进度，辅助制定相应的决策和调整方案。

二、基于 BIM 技术的安全质量管理

BIM 技术可以用于电网工程的安全管理。通过建立施工现场的虚拟模型，并与安全要求进行比对，识别施工过程中的潜在安全风险。BIM 模型可以与传感器和监测设备进行集成，以监测施工现场的实际情况。这有助于发现和解决施工过程中的问题，确保施工按照设计要求进行。

借助 BIM 技术，可以在 BIM 模型中标记和识别施工现场的安全隐患和风险，提供安全警示和预警机制。还可以通过模型演示和虚拟现实技术培训施工人员的安全操作技能，减少施工事故的发生。

BIM 技术可以提供全面的施工过程管理和优化，从而减少错误和风险，提高效率和质量。它能够促进各个工程专业之间的协调和沟通，推动施工工艺的数智化转型和创新。

可在施工过程中逐步添加进度计划、施工任务等信息，进一步强化施工现场的动态结构分析、模拟动画、碰撞检测，相关问题出现前的自动报警、科学无误的施工方案和相关数据获取可由此实现，工程施工过程中的返工减少、资源节约、施工质量提升也能够获得有力支持。

（一）BIM 安全质量管理的准备

1.　安全质量管理平台建设

安全质量管理涉及施工人员、监理人员、管理人员等多个角色，贯穿监理、验收、过程管控等多个阶段。因此在构建管理平台时应充分考虑不同角色、不同场景的差异化需求，打造以统一数据管理为基础、BIM 模型为信息载体面向多个终端的管理应用。针对现场人员提供便于快速查询记录信息的移动端 App，针对管理人员提供综合管理大屏程序。

2.　信息采集体系建设

安全质量控制是整个施工管理最重要的环节，贯穿项目施工的全过程，涉及的

信息数据量大、来源多样。为了能够完整地记录施工过程所涉及的各类信息，做到全流程可追溯，需要建立一套完善的信息采集体系。施工现场的信息采集渠道主要是两类：①通过现场人员进行填报和上传的数据；②通过各类物联网传感器自动获取的监控数据。在建设管理平台时需要考虑不同来源数据的分类采集、统一归集，实现全过程数据的集成管理。

3. 创建质量管理模型

为了实现质量管理过程的全面管控需要创建质量管理模型，对导入的深化设计模型或预制加工模型进行检查和调整，针对整个工程确定质量验收计划，将验收检查点附加或关联到对应的构件模型元素或构件模型元素上。施工过程中，现场将BIM模型与施工作业结果进行比对验证，有效、及时对比分析施工现场作业情况，避免质量问题的发生。此过程丰富了项目质量检查和项目质量管理的方式，将质量信息链接到BIM模型上，通过模型浏览让质量问题能在各个层面上实现高效流转，这种方式相比传统的文档记录可以摆脱文字的抽象，促进质量问题协调工作的开展。同时，在质量验收时，通过BIM技术与现代化新技术相结合的方法，可以进一步优化质量检查和控制手段，提高质量验收效率。

4. 风险源识别与标识

由于施工活动是一个动态过程，其项目安全风险也根据施工进度而不断优化更新，可根据危险源的分类、引发风险的概率和影响对危险源进行排序归类，从而为危险源的管理打下基础。例如，电网工程施工生产中最主要的事故类型主要有基坑开挖、物体打击、机械伤害、坍塌事故、火灾和触电事故等。施工风险管控如图5-6所示。

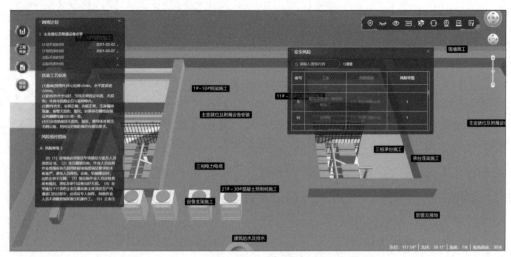

图5-6 施工风险管控

在施工过程中除了需要提前识别标记具体的风险点位，还可以基于 BIM 模型及施工进度计划按时间空间提前规划预警红线。基于定位设备对现场施工人员、机械进行实时控制，对于侵入预警红线的人员进行快速报警驱离，从而最大程度减少施工安全风险发生概率。预警红线管控如图 5-7 所示。

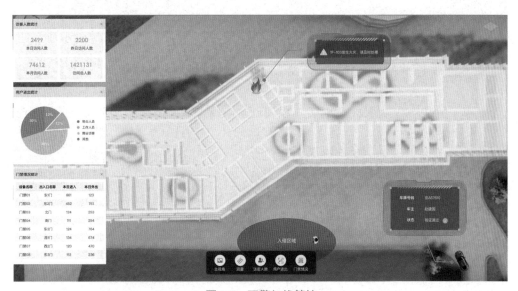

图 5-7　预警红线管控

（二）BIM 安全质量管理的应用场景

1. 质量管理内容

质量管理包括质量验收计划确定、质量验收、质量问题处理、质量问题分析等。电网工程 BIM 技术应用于施工过程中，主要是将质量相关工作信息串联，将质量管理形成闭环。基于 BIM 技术的电网工程质量管理通过移动终端采集现场的质量问题，将质量要求、质量问题上传至服务器端，通过三维可视化模型进行展示，并基于 BIM 模型进行质量验收，将验收过程信息通过模型进行集成，对质量管理过程进行跟踪，及时解决质量相关问题，提高质量管理水平。

在处理质量问题时，也可将质量问题处理信息关联到对应的构件模型或组合上，利用模型按部位、时间、施工人员等汇总进行分析，同时展示质量信息和质量问题，为质量管理持续改进提供参考和依据。不同专业的模型通过 BIM 协同平台进行整合，结合云技术和移动技术，项目人员还可将质量管理相关资料文件同步保存至云端，确保工程文档快速、安全、便捷、受控地在项目中流通和共享。同时，项目质量参与者能够通过浏览器和移动设备随时随地浏览工程模型、现场作业实体照片、现场质量问题处理情况、质量问题整改情况等内容，根据各自的职责进行相关资料的查询、审批、标记及沟通，从而为现场办公和跨专业协作提供极大的便利。变电站施工质量管控如图 5-8 所示。

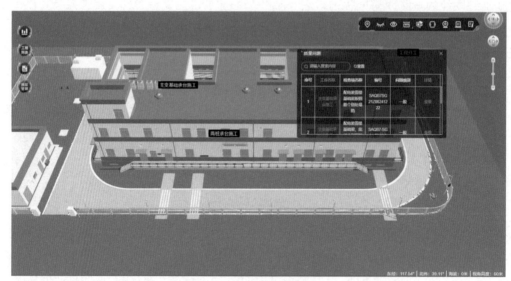

图 5-8　变电站施工质量管控

利用 BIM 技术进行施工质量对比检查也是确保施工质量的主要手段之一。在实际施工中，对施工中结构标高、线路走向等信息进行图片拍摄等手段，将施工成果与 BIM 模型进行比对，以此实现施工质量的有效对比。如若在比对过程中发现存在质量瑕疵或者是施工误差，需要基于 BIM 模型，结合施工实际进度进行针对性处理。处理完毕，可开展二次比对，进而实现对施工质量管理效果的提升。

2. 安全管控内容

BIM 技术在各专业深化设计、专业施工方案模拟、可视化交底等应用中均可进行安全管理的穿插，实现包含 BIM 技术在辅助项目安全管理中对职业健康与安全管理、环境管理、风险控制管理、处置安全事故、安全问题分析、安全教育等内容的应用。

施工安全管理是通过对各生产要素的控制，减少或控制施工过程中不安全行为和不安全状态，从而达到控制安全风险、消除安全事故、实现施工安全管理目标的过程，其包括施工过程中为保证安全施工的全部管理活动。

（1）安全教育培训。以三维的形式讨论安全技术方案，反复优化，保证施工安全可控，并进行危险源及安全事故的沉浸式体验教育，加强对危险源的认识，起到警示作用，提高现场施工人员安全意识。同时，通过集成应用 BIM 技术、项目信息化管理平台、物联网技术、VR 技术等进行施工现场安全教育管理，通过模拟复杂工况确定施工过程中可能会产生的安全隐患。BIM 技术安全教育管理如图 5-9 所示。

(a) 工程施工中钢筋碰撞

(b) 南通管道与钢结构碰撞

(c) 施工现场通过平板扫描调取 BIM 模型

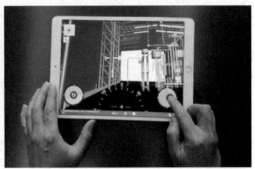

(d) 平板漫游模型指导施工

图 5-9　BIM 技术安全教育管理

采用 BIM 技术，通过 BIM 模型，直接将具体的施工方案以动画的形式予以展示，方便施工技术人员直接看出方案可行性、实施过程中会出现哪些情况、实施的具体工艺流程、方案是否可优化，从而保证在方案实施前排除障碍，做到防患于未然。避免盲目施工、惯性施工等可能遇到的突发事件，从技术方案上保证一次成活，减少返工造成的材料浪费。BIM 技术安全模拟如图 5-10 所示。

（2）安全问题管理。基于 BIM 技术的项目管理平台将可能产生的安全隐患进行在线管理，利用 BIM 项目管理平台，结合在工程模拟中确定的安全控制重点，将整个施工过程中需关注的所有安全管理重点进行梳

（a）VR构架安装现场高空跌落事故体验

（b）VR电压互感器试验

图 5-10　BIM 技术安全模拟

理并设置在相关模型中，根据施工进度计划，在涉及安全隐患、危险性动作等关键点施工时，通过平台自动发送消息提醒相关管理人员对施工现场进行管理，安全检查人员拍摄现场照片进行上传，如发现安全隐患，则通过在线开设安全整改单的功能针对相关需整改的单位发出通知，并且在整改完毕之后再通过拍照上传的方式检查整改结果，通过一个完整的流程对安全进行全面管控。

与传统的施工方案编制及技术措施选取相比较，基于 BIM 技术的施工方案编制与技术措施选取的优点主要体现在其可视性和可模拟性两个方面。多种施工安全事故可视化模拟如图 5-11 所示。

图 5-11　多种施工安全事故可视化模拟

三、基于 BIM 技术的成本管理

基于 BIM 技术的成本管理是将三维几何模型中各构件与其进度信息及预算信息进行关联。通过该模型，计算、模拟和优化对应于各施工阶段的劳务、材料、设备等的需用量，从而建立劳动力计划、材料需求计划和机械设备应用计划等，并以此形成项目成本计划。在项目施工过程中的材料控制方面，按照施工进度情况，通过5D 模型自动提取材料需求计划，并根据材料需求计划指导采购，进而控制班组限额领料，避免材料方面的超支；在计量支付方面，根据工程进度，利用 5D 模型自动计算完成的工程量并向业主报量，与分包核量，提高计量工作效率，方便总包方根据收入控制支出。在施工过程中周期性地对施工实际支出进行统计，并将结果与成本计划进行对比，根据对比分析结果修订下一阶段的成本控制措施，将成本控制在计划成本范围内。

（一）BIM 成本管理的准备

建立基于 BIM 技术的 5D 模型。以实现对人工、材料、机械设备等成本进行控制为目标，构建电网工程的 5D 模型。其重点是在三维几何模型的基础上，将进度信息和工程预算信息与模型关联，形成基于 BIM 技术的多维模型，为施工过程中的动态成本控制提供统一的数据模型。5D 模型集成了包含建筑、结构、机电、土建等专业各专业的 BIM 设计模型，全过程、全方位地精细化动态成本管理和控制，追求施工过程成本控制的最优。

（二）BIM 成本管理的应用场景

传统的成本管理包括成本测算、成本计划、成本控制、成本核算、成本分析、成本总结等环节。其中成本测算、成本计划和成本核算过程统计数据工作繁杂、工作量大；成本控制过程落实较困难、效果不明显；成本分析结果比较滞后，不能及时为成本决策提供支持。

1. 基于 BIM 技术的工程预算

基于 BIM 技术的工程预算主要包括基于 BIM 技术的工程算量和工程计价两部分内容。通过 BIM 模型关联和相交构件位置信息，可以得到各构件关联和相交的完整数据，根据构件关联或相交部分的尺寸和空间关系数据智能匹配计算规则，准确计算扣减工程量。

将 BIM 技术与成本管理集成后，利用模型快速准确算量，能减轻计量工作量，同时通过将总包清单、分包成本与模型相关联，可基于模型按专业、时间、构件属性等不同维度查询总 / 分包清单工程量，从而为成本测算、成本计划、成本核算、物资计划、业主报量、分包审核、合同结算等业务快速提供准确的工程量数据，有助于成本动态控制。此外，可提供多维度成本对比分析，以便发现成本异常时及时纠偏，避免事后发现成本超支现象。

2. 成本过程控制

BIM 技术在电网工程施工过程中，根据 5D 模型进行材料、计量、变更等过程控制。成本计划需要根据工程预算和施工方案等确定人员、材料、机械、分包等成本控制目标和计划，并依据进度计划制定人员和资源的需求数量、进场时间等，最后编制合理的资金计划，对资金的供应进行合理安排。

5D 模型提供了一个真实准确的可视化工程信息集成模型，在施工过程中以统一的口径管理不同业务数据，并能够在正确的时间为不同业务管理者提供及时准确的成本信息，5D 模型的应用贯穿于整个电网工程施工成本控制过程。在施工项目准备阶段，工程预算信息集成在 5D 模型中，通过关联进度计划，进行资源模拟，优化资源配置，辅助编制成本计划。在过程中，准确及时申报需求计划，并指导材料采购；

提高计量工作的效率，加强变更的管理；及时统计实际成本，实现成本动态统计分析。在竣工结算阶段，基于统一的 5D 模型进行结算。改变以往成本信息零碎、分散的局面，解决工程算不清、讲不清、成本资料信息查找追溯困难等问题，实现全过程的成本控制。

基于 BIM 技术编制成本计划提高了编制效率和计划的合理性。在效率方面，5D 模型中，每个构件都关联了时间和预算信息，包括构件工程量和资源消耗量，因此，可以根据施工进度模拟，自动统计出相应时间点消耗的人、材、机数量和资金需求，从而快速制定合理的成本内控目标。在计划合理性方面，5D 模型支持资源方案的模拟和优化，通过模拟不同施工方案，优化不合理的地方，通过调整进度计划、工序和施工流程等，使得不同施工周期的人、材、机需求量达到均衡，据此制定各个业务活动的成本费用支出目标，编制合理可行的成本计划。

传统成本管理软件中，成本业务数据分散在各个业务部门，通过人工收集后进行拆分、统计和分析。有了信息化手段后，主要通过手工填报表单配合工作流进行成本控制。这些方式工作量大，数据实效性不强，统计分析粒度粗且不直观。5D 模型关联了进度和清单信息，在施工过程中，根据进度和实际成本运行情况，及时更新 5D 模型，基于模型快速准确地实现成本的动态汇总、统计、分析，从时间、部位、分包方等多维度、精细化实现三算对比分析，满足成本精细化控制需求。

3. 动态成本分析

在施工过程中，及时将分包结算、材料消耗、机械结算等实际成本信息关联到 5D 模型，实现多维度、细粒度的动态成本三算对比（合同收入、预算成本和实际成本进行对比）分析，从而及时发现成本偏差问题，并制定改正措施。

5D 模型集成成本及相关业务的各种信息，通过 5D 管理软件进行施工成本管理和控制，通过三维的模型构件形象地管理项目资源，准确快速地提取工程量和价格信息，辅助实现施工成本动态管理。但是，5D 模型的信息集成工作不是一步完成的，需要在管理过程中根据工程进展情况进行集成。5D 管理软件偏重管理，很难在 5D 管理软件中完成单项的专业化工作，单项专业化工作仍然需要使用专业 BIM 软件完成，然后将附带专业信息的模型导入 5D 管理软件。例如，当发生变更时，在基于 BIM 技术的算量软件计算变更工程量，带有变更信息的模型重新集成到 5D 模型。5D 模型还可以实现自动或半自动的工程量测算和材料统计，减少手工计算和人为错误。可以实时更新和管理施工过程中的工程量和材料使用情况，减少浪费和资源消耗。

电网工程施工的特点包括标准化程度低、过程影响因素多、项目参与方众多等，工程施工过程中很多与成本相关的业务信息需要及时交流和共享。5D 管理软件建立以 5D 模型为核心的交流和协作方式，为项目管理人员提供了一个成本数据协同共享的平台。项目管理者在统一的 5D 模型上进行业务数据处理、交换，信息交流变得通畅、及时、准确，不受时间、地点的限制；每一次信息的变更、提供和交流都有据可查，提高了参与各方获得信息的效率，降低获得信息的成本，最大限度地降低信息的延误、错误造成的浪费、损失及返工；随时了解、监督工程的进度，适时支付分包进度款，及时发现问题，控制整个工程的质量，控制成本。成本信息在施工过程中快速准确地流动起来，工作效率大大提高。成本控制从传统的杂乱无章的信息共享方式，变成井然有序的信息协同共享方式。

小结　　基于 BIM 技术的施工管理有助于施工管理人员对进度进行合理规划，动态了解现场进度；实现风险预警预报，降低安全质量风险；精准控制成本支出，减少浪费，以管控进度、提高质量、控制成本。实现了施工现场与数字化模型"同生共长"的施工模式变革。

第二节　基于 BIM 技术的智慧安装

传统安装模式具有安装工艺不先进、安装精度较低、安装过程信息不可追溯等不足。基于 BIM 技术的智慧安装是以 BIM 模型为载体，利用数字化手段实现标准化的作业流程、可视化的方案操作、精细化的过程控制、高质量的安装成效、复杂过程的仿真模拟，提升安装作业的可视化、精细化和智能化水平，变革传统安装模式。

一、基于 BIM 技术的智慧安装特征

（一）智慧安装概念

为了落实电网工程建设安全第一、质量至上的工作原则，确保工程"一次投运成功、长期安全运行"，工程建设阶段对现场施工安装的"安全、稳定、可靠"提出了更高的要求。将 BIM、数字化、智能化等技术融入电网工程施工安装环节，通过搭建"高效采集、实时监控、数据可视、精准施策"的立体监测管控体系，为现场施工安装配备"智慧眼睛"，推动安装模式的变革。

基于 BIM 技术的智慧安装是以全面提升安装质效为目标，以 BIM 模型为载体，以可视化、数字化和物联网为手段，通过模拟安装方案、优化安装工艺、监测安装过程，实现现场施工安装三维可视化管控。基于 BIM 技术的智慧安装改变了传统的安装模式，实现了安装的标准化、可视化、精细化，提高了安装作业的质量。

（二）基于 BIM 技术的智慧安装主要特征

1. 标准化的作业流程

电网工程现场施工安装按作业类型可分为设备类安装和材料类安装两大类。设备类安装主要是指变电工程大型设备吊装和设备精细化安装，如变压器、电抗器、GIS、断路器等设备的安装。大型设备吊装需要按照标准的安装顺序和安装方式进行，并保证设备安装时水平、垂直度符合工艺要求。设备精细化安装首先要满足临时就位和精确就位的要求，同时还要满足设备对接面和螺栓紧固满足质量控制指标要求。材料类安装主要是指建筑构件的装配式安装和铁塔、架构类的组装，将预制部件按照相应的标准化作业规范进行拼装，然后再进行局部组装，最后进行整体调整，在组装过程中，需要严格控制每个连接点的紧固力和位置。将 BIM 技术融入标准化作业流程中，依照安装工艺流程对三维模型进行重新组织，为安装工艺模拟及可视化管控提供基础。

2. 可视化的方案操作

利用 BIM 模型构建三维可视化安装场景，安装作业人员通过智能化装备可以实现安装过程的操作，各安装环节数据能通过智能化装备进行显示，并通过物联网实时传输至可视化管控平台，实现安装过程的场景可视化及数据可视化。对于非接触类安装操作，利用 BIM、可视化等手段进行远程操控，即可以提高作业人员的参与度，也可以确保作业人员的安全。图 5-12 展示了安装作业人员通过可视化安装画面进行工作。

图 5-12　可视化安装画面

3. 精细化的过程控制

通过智能化装备可以将安装作业所需的控制参数按照相关安装作业内容及质量控制关键指标进行预制，作业人员在操作过程中能够通过智能化装备实时掌握安装的情况。基于 BIM 技术将各安装环节的操作数据以三维可视化的方式进行展示，实

现三维模型与智能装备的关联，达到了
安装过程的精细化控制和安装全过程的
跟踪。通过对安装过程的各环节数据进
行实时记录，有效避免了全部依赖人工
安装导致的关键数据手工记录易出错、
过程不可追溯等问题，进一步提高了安
装过程的精细化管控。图 5-13 展示了作
业人员通过能实时显示数据的智能力矩
扳手进行过程控制及实时监测。

图 5-13　过程控制及实时监测

4. 高质量的安装成效

通过可视化的操作以及精细化的控制，充分发挥了自动化、智能化的作用和效
果，有效避免了在手动控制、气候异常、工期紧张等特殊情况下过于依赖人工经验
及现场判断的问题，确保现场安装严格落实标准工艺要求，有效并及时发现安装质
量隐患，进一步提高了安装作业的整体质量。

5. 复杂过程的仿真模拟

按照安装作业要求及工艺流程对三维模型进行重新组织并构建相应的三维仿真
场景，利用 BIM 技术实现安装工艺的仿真模拟。通过三维可视化手段一方面可以开
展安装作业的过程模拟，提前发现安装过程中的问题，提高安装的可靠性；另一方
面可以进行安装培训交底，有助于作业人员提高业务能力，关注重点作业环节，有
效避免事故发生。同时，结合仿真技术还可以对安装作业进行分析和评估，进一步
优化作业方案，提高安装质量。

（三）基于 BIM 技术的智慧安装资源保障

搭建基于 BIM 技术的智慧安装管控平台是为了进一步整合各方资源，实现资源
合理分配和充分利用，为标准化安装作业提供资源保障，进一步提高安装作业的精
细化程度，提升安装作业的整体质量。

1. 三维模型

智慧安装应用的三维模型继承自设计阶段的成果，按照基于 BIM 技术的智慧安
装应用要求需要对三维模型进行处理，包括提取相关设备、材料及设施的几何信息、
属性参数、拓扑结构、安装信息、厂家参数等。将每个施工作业单元涉及的模型进
行分离形成独立个体，按照施工工艺工序将模型进行结构层级的拆分、重组、编码，
最终形成满足智慧安装应用要求的成果。

2. 软件体系

智慧安装 BIM 软件体系主要基于三维模型和 BIM 标准，面向电网工程施工对

象应用，包含基础软件、应用软件和平台软件，能够支撑施工阶段深化设计、工艺仿真模拟、施工过程管理等智能应用。

3. 智能化装备

智能化装备是智慧安装工作的基础，也是提升安装质量、安装效率的关键，通过智能化装备现场作业人员可以全流程实时掌握安装情况，全面压降现场安装的安全风险、提升安装质量水平和工作效率。智能化装备主要包括三维姿态仪、智能力矩扳手等。

4. 人力资源

结合电网工程施工安装作业具体特点，选择合适的技术人员和团队管理模式。团队成员主要包括土建工程师、电气工程师、结构工程师、机电工程师、安装作业人员、施工管理者等，并确保团队成员之间能够有效协同工作、共享信息。同时需要为团队配备专业的技术支撑团队，以专家的身份为智慧安装提供合理化建议，确保团队成员技术能力和综合实力持续提升。

5. 智慧安装管控平台

智慧安装管控平台是综合应用 BIM、物联网、移动互联网、边缘计算、人工智能等先进技术手段构建的标准化、数字化、可视化、智能化的现场安装物联智能监控系统，该系统能够通过可视化的界面展示安装作业的过程和实时监测数据，实现对安装作业的全流程监控，能够确保主设备安装质量始终处于"受控""能控""在控"的状态。

二、基于 BIM 技术的智慧安装应用

（一）大型设备吊装

在变电（换流）站施工过程中设备吊装是一个非常重要的环节，吊装过程需要考虑到各种因素，如设备的重量、形状、中心重心位置以及吊装设备的可靠性等。变电（换流）站大型设备比较多，且普遍存在吊装难度大导致安全风险和安装质量控制难的问题。基于 BIM、三维可视化等技术，将吊装工艺流程进行虚拟仿真模拟并形成工艺仿真模拟动画，可以优化工艺流程、预判施工风险、提高作业能力，进一步提升施工安装的质量、效率和安全。

1. 方案设计

设备吊装施工过程中涉及各专业的施工区域、人流路线、设备吊装路径及避让区域等诸多要素，为避免不同专业的交叉施工现象，减少外界因素干扰，提高吊装作业效率及质量，需要对设备吊装进行整体方案设计。通过 BIM 技术实现大型设备从站内运输到吊装全过程的方案模拟，在三维可视化场景中可以对吊装路径的规划，

合理布局人员、车辆、吊车等资源，同时，借助设备的空间关系可以模拟角度、位置等状态，有利于全方位提高方案的可靠性。

2. 风险预判

在吊装作业过程中会存在很多风险，如设备失衡、吊具破裂等。通过 BIM 技术可以模拟各种风险情况，并评估其对吊装过程和设备的影响。施工人员可以根据仿真结果，提前采取相应的防范措施，以确保吊装过程的安全性。

3. 工艺培训

吊装作业对操作人员的技能要求较高，通过 BIM 技术可以模拟各种吊装场景及关键工序，施工人员可以在虚拟环境中进行演练。通过反复的模拟训练，可以有效提高施工人员的作业能力以及应对各种突发情况的能力。主变压器吊装模拟实例如图 5-14 所示。

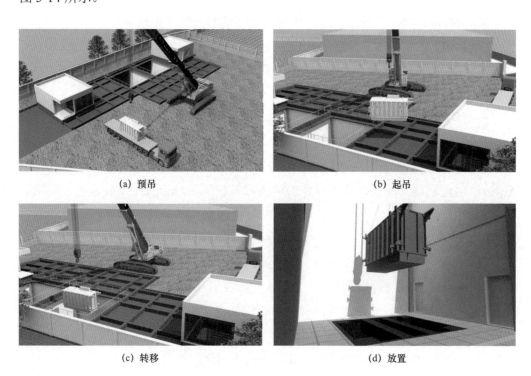

(a) 预吊

(b) 起吊

(c) 转移

(d) 放置

图 5-14　主变压器吊装模拟实例

（二）设备精细化安装

设备精细化安装主要是指设备安装的各个环节如设备搬运、设备组装、设备连接等每个环节都按照严格的工艺要求进行操作并全程监控和记录。通过设备精细化安装管控，可以确保每个环节都得到有效控制，减少操作失误和质量问题，提高安装质量。

1. 设备工艺及环境要求

GIS 安装是将元件按照一定的工序规律进行组装，工作程序虽然比较简单、方便，但是安装工艺要求非常细，对作业环境要求非常高，比如间隔间槽基础最大允许水平误差，绝缘件无受潮、变形、剥落及破损，母线与线筒内壁平整无毛刺，密封槽面清洁，无划伤痕迹，各紧固螺栓齐全、无松动，支架及接地引线无损伤、无锈蚀等。所以，在安装过程中要注意保持环境的清洁与干燥。

2. 精细化安装

安装对接阶段，首先用普通扳手初拧紧，然后用智能力矩扳手扫描安装单元的二维码获取单元编码信息，最后按照一定的紧固顺序进行螺栓紧固，直到对接面和清理面螺栓紧固值达到标准值范围，通过单元编码台账关联对接面的螺栓数据信息，完成数据信息化记录，同时传输至 BIM 智慧安装管控平台。当完成本单元与前一单元对接面螺母紧固时，智能力矩扳手自动识别为本单元安装完成。

通过 BIM 技术可以对安装过程进行溯源，并对安装结果进行质检，通过检查所有螺栓的拧紧状态，确保符合设计和制造要求。

（三）预制构件安装

预制构件安装主要是指电网工程施工中的装配式建筑安装，它是采用标准化设计、工厂化生产、装配化施工等先进技术，把传统建造方式中的大量现场作业工作转移到工厂进行，在工厂加工制作好建筑用构件和配件（如楼板、墙板、楼梯、阳台等），运输到施工现场，通过可靠的连接方式在现场进行装配安装。与传统现浇建筑相比，装配式建筑具有施工周期短、现场作业少、质量控制好、绿色环保等特点。

装配式建筑的安装充分体现了"装配式"特点，采用预制结构的建筑模式，根据运输和设计要求，将建筑物拆分为梁、柱、屋面（楼承）板、外墙板、内墙板、隔断等多个结构构件，再细化各结构构件的装配式方案，站内围墙、大门、防火墙、电缆沟、结构支架、设备支架等采用组合式装配结构，所有构件在工厂预制，进行工厂化、规模化生产，实现技术标准化，规格系列化。结构件在工厂内生产完毕后，直接运至施工现场进行装配式安装，完成集约化施工。装配式建筑设计生产施工流程如图 5-15 所示。

（1）标准化设计。装配式建筑的典型特征是采用标准化的预制构件或部品部件。装配式建筑设计要适应其特点，不断增加构件的数量、种类和规格，逐步构建标准化预制 BIM 构件库。同时，借助可视化方式不断进行设计的精细化。

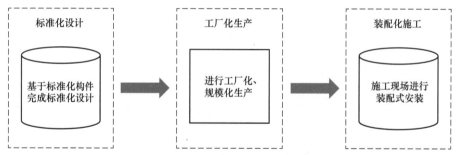

图 5-15　装配式建筑设计生产施工流程

（2）工厂化生产。利用 BIM 技术，可以将
建筑构件的信息化和三维模型实现有效关联，还
可以清楚表达复杂的空间关系，能够实现与预制
工厂的协同和对接。借助工厂化、机械化的生产
方式，采用集中、大型的生产设备，将 BIM 信息
数据输入设备，就可以实现机械的自动化生产，
这种数字化建造的方式可以大大提高工作效率和
生产质量。可用于数字化建造的预制混凝土墙模
型如图 5-16 所示。

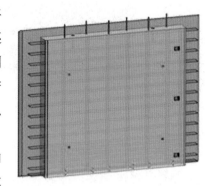

图 5-16　预制混凝土墙模型

（3）装配化施工。利用 BIM 技术建立三维施工场景，提前预知主要施工工艺的
控制方法、施工安排是否均衡，总体计划、场地布置是否合理，工序是否正确，并
可以进行优化。通过对施工流程进行优化，可以实现场地布置及车辆的开行路线的
最优设定，有效减少预制构件、材料场地内次搬运次数。另外，通过 BIM 和三维可
视化等技术，可以对施工环节进行碰撞检测分析及复杂节点的施工模拟，提前预判
风险点，加强施工人员的风险安全意识，提高施工效率。装配式电缆沟安装施工模
拟如图 5-17 所示，装配式围墙安装施工模拟如图 5-18 所示。

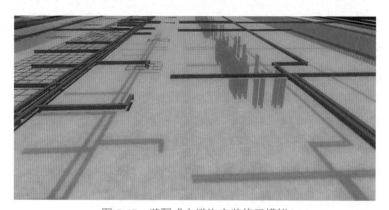

图 5-17　装配式电缆沟安装施工模拟

柱帽

压顶

墙板

立柱

图 5-18 装配式围墙安装施工模拟

（四）材料类组装

电网工程中的材料类组装是指工程中所用部件或材料的现场组装和加工，包括变电架构、电缆支架、铁塔（角钢塔、钢管塔）、导地线等。

BIM 技术和物联网技术的融合促进了电网工程材料组装的智能化升级，利用 BIM 技术对材料的生产加工、现场组装过程进行模拟并提供可视化的界面，结合物联网的实时感知能力对施工过程进行监测，实现对工艺工序的仿真模拟和施工过程的全程监控。

1. 铁塔设计制造一体化

基于 BIM 技术将电网工程中的杆塔、构架的设计、生产、施工等环节集成在一起，实现全过程数字化管理和自动化控制。

基于 BIM 技术的精细化设计和碰撞校核，可以减少铁塔在制造加工、现场安装和运行维护中的质量及安全隐患。利用 BIM 技术实现塔身成百上千处连接形式的精准设计，通过碰撞检测和预组装确定塔身材料的尺寸数据，发现可能存在的碰撞问题，生成数字化模型贯穿结构计算、预组装、优化下料等制造环节。提高材料利用率，降低施工组装返工风险。BIM 模型的引入，不仅能进行结构建模和计算、规范校核、三维可视化辅助设计、结构分析，还能进行工程量、工程造价、现场材料加工等信息统计，完成从设计建模到生产加工的数字化过程。

利用铁塔的 BIM 模型进行施工工艺工序的设计。根据现场施工复杂环境，结合施工工艺要求，对组塔场地进行布置与规划，通过对铁塔 BIM 模型的拆分与绑定，将铁塔模型分解成若干吊装单元，并赋予每个吊装单元重量、空间姿态、空间位置及子部件编码等施工组装信息。通过对组塔设备、吊带规格、钢丝绳规格的分析，判断吊装设备最大承载力，从而形成一套施工方案。利用 BIM 技术将施工方案中组装工序按照时间轴进行控制执行，实现组装过程的自动模拟，并根据模拟成果提取施工方案策划数据，形成施工方案策划文件。抱杆组塔智能检测系统界面如图 5-19 所示，机械化组塔方案编制如图 5-20 所示。

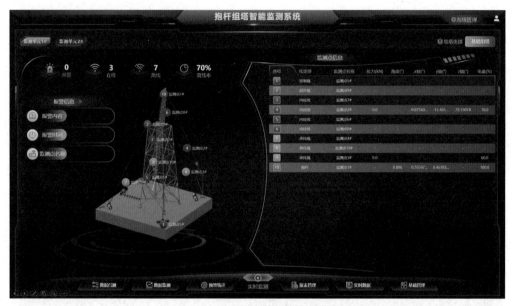

图 5-19　抱杆组塔智能检测系统界面

图 5-20　机械化组塔方案编制

2. 牵张架线

架空输电线路牵张架线是在架线全过程中，使被展放的导线保持一定的张力而脱离地面、处于架空状态的施工方法，是整个架空输电线路施工过程中控制精度要求最高、安全风险隐患最大的环节之一。

为提高线路牵张放线作业施工的可控性和安全性，通过 BIM 放线模型、集控张力放线设备、低功耗广域物联网组网设备、可视化监控设备等核心组件，利用自组网技术结合传统张力放线工艺打造张力放线全过程数字化监控系统。系统通过物联网设备将滑车状态（拉力和倾角监测）、牵引板状态（位置、子导线拉力、姿态）、视频监控（跨越挡全景、牵张视频）信息集中收集到地面控制中心，使作业操作员及时掌握整个牵张施工过程，提出预警与分析。实现张力放线设备集中控制和牵引场、张力场视频信号同步，完成放线全过程可视化施工。牵张放线监控平台界面如图 5-21 所示，某牵张架线控制室和现场管理如图 5-22 所示。

图 5-21　牵张放线监控平台界面

（a）牵张架线控制室

（b）现场管理

图 5-22　牵张架线控制室和现场管理

小结

　　基于BIM技术的智慧安装具有标准化、可视化、精细化、高质量等特征，且能够实现复杂安装过程的仿真模拟。基于BIM技术的智慧安装要素包括三维模型、软件体系、智能化装备、人力资源、管控平台等，这些要素是有机的、统一的整体，共同支撑基于BIM技术的智慧安装应用实践。通过大型设备吊装、设备精细化安装、预制构件安装、材料类组装等不同的应用场景全面诠释了基于BIM技术的智慧安装应用实践。

第六章

BIM 与电网工程大数据

电网工程 BIM 技术全寿命周期应用会产生大量数据。这些电网工程数据具有体量大、格式多、交互频次高、价值密度低等特性，需要规定交付的内容、流程、审查方法，并构建电网工程大数据管理平台，为移交业主和生产运行提供高质量数据基础，才能充分贯彻"一个模型用到底、一套数据全贯通"的理念。

本章从电网工程大数据管理角度出发，首先阐述数字化交付成果的应用方向，然后介绍电网工程大数据的特点，提出电网工程大数据实施的关键路径，最后以特高压工程为例介绍电网工程大数据建设实践，构建特高压大数据系统，为提高电网工程数据资产管理水平提供新的思路和方法。

第一节　电网工程数字化成果交付

电网工程数字化成果交付的基础是项目级交付，项目级交付是电网工程大数据的数据源头。数字化成果交付与电网工程全寿命周期相须而行，确保了电网工程大数据源头唯一、可追溯，促进了工程图纸、工程模型、设备信息、地理信息、工程建设文件等数字化成果与工程实体融为一体，为基于 BIM 模型构建电网工程全寿命周期数字孪生及开展深化应用奠定数据基础，推动电网工程数智化转型。

本节按照以电网工程 BIM 模型等数字化成果高质量交付提升工程资料综合管理水平，支撑电网工程大数据管理的思路，主要介绍电网工程数字化成果交付的交付内容、交付流程、交付审查，以及数字化成果的入库和应用等内容。

一、交付内容与分级

针对输变电工程各阶段的不同交付需求，数字化交付成果应该以相关的国家、行业标准为基本准则，在交付内容、模型精度、文件形式等方面参考招投标文件（或合同）中的相关要求，符合项目实施计划中的相关规定。依据 Q/GDW 11812—2018《输变电工程数字化移交技术导则》，交付内容应包括工程地理信息数据、BIM 模型、文档资料等。

在工程可行性研究阶段，交付的模型更关注工程占位信息与基础数据。在初步设计阶段，交付的模型将在可行性研究阶段的基础上，进一步增加电气设备、构件、管线、设备等信息。到了竣工阶段，交付的模型则需要具备高度的精确性和一致性，以反映工程的实际建设情况，模型应包括各种细节和配置，逐步提高几何精度和信息深度，确保工程信息在各个阶段之间的连贯性和准确性。

（一）模型精细度

在不同的模型精细度下，各专业会划分出不同的模型单元。这些模型单元是BIM承载工程信息的实体及其相关属性的集合，是交付的基本操作对象。每个模型单元的几何表达精度和信息深度共同定义了其内容，并随着工程的推进逐渐完善，确保工程信息的准确性和可靠性，保障工程顺利完成。

1. 几何表达精度

几何表达精度是模型单元在视觉呈现时，几何表达真实性和精确性的衡量指标。几何表达精度的高低直接影响着模型的可靠性、一致性和可交互性，高精度的几何表达能够帮助设计人员进行准确的碰撞检测和冲突分析，开展空间优化分析等设计方案优化，提升设计合理性。

在工程实践中，通过将几何表达精度划分为不同的等级，确保项目在设计、施工和运维阶段对几何数据的要求和期望一致。电网工程BIM模型几何表达精度等级划分如表6-1所示。

表 6-1　　　　　　　　电网工程 BIM 模型几何表达精度等级划分

等级	英文名	简称	几何表达精度要求
1级几何表达精度	level 1 of geometric detail	G1	满足二维化或者符号化识别的需求（概念模型）
2级几何表达精度	level 2 of geometric detail	G2	满足空间占位，主要验收等粗略识别的要求；表达电网工程设备、材料、建（构）筑物及其他设施最大占位外形尺寸及主要技术参数的三维模型（通用模型）
3级几何表达精度	level 3 of geometric detail	G3	满足施工设计，设计意图传达的需求；基于实施工程的设备、材料、建（构）筑物及其他设施外形，在通用模型建模深度基础上，体现安装、接口等信息，包含主要技术参数及附属信息的三维模型（产品模型）
4级几何表达精度	level 4 of geometric detail	G4	满足建造、安装、采购、加工等精细识别的需求；描述设备、材料、建（构）筑物及其他设施的安装、加工模型，包括设备材料安装、混凝土配筋、钢结构加工/放样等（装配模型）

2. 信息深度

信息深度是模型单元承载属性信息详细程度的衡量指标。在电网工程中，模型的信息深度涵盖几何数据、属性数据、关联数据以及时序数据等多个方面。

在工程实践中，通过将信息深度划分为不同的等级，在不同交付阶段，对模型需包含的额外属性进行定义，实现工程各阶段数据的标准化定义，统一存储形式，确保项目在设计、施工和运维阶段对信息深度的要求和期望一致。电网工程 BIM 模型信息深度等级划分如表 6-2 所示。

表 6-2　　　　　　　　　电网工程 BIM 模型信息深度等级划分

等级	英文名称	简称	几何表达精度要求
1 级信息深度	level 1 of information detail	N1	包含模型单元的型号、外轮廓尺寸、模型编码等公共属性； 包含模型单元的工程名称、工程编号、工程概况定位信息等部分工程属性
2 级信息深度	level 2 of information detail	N2	包含和补充 N1 等级信息，增加影响设计、施工、运检的关键零部件型号、几何尺寸信息； 应该增加模型在工程中关键设计参数、材料量信息、配色信息
3 级信息深度	level 3 of information detail	N3	包含和补充 N2 等级信息，增加模型制造信息、装配信息、缺陷数据、试验信息、施工建设信息
4 级信息深度	level 4 of information detail	N4	包含和补充 N3 等级信息，增加资产参数、维护参数和调控运行参数

（二）变电工程交付内容

1. 地理信息数据

地理信息数据在变电工程的设计和施工过程中发挥着重要作用，它有助于确定变电站的地理位置和布局、规划变电站的建设和运维，以确保工程的可持续性和环保性。变电工程地理信息数据包括数字正射影像、数字高程数据和基础矢量数据，变电工程地理信息数据如图 6-1 所示。

正摄影像　✚　数字高程　✚　基础矢量数据

图 6-1　变电工程地理信息数据

在变电工程的不同阶段，地理信息数据的主要用途和需求有着明显的差异，具体如表 6-3 所示。

表 6-3　　　　　　　　　　　各阶段地理信息数据要求

工程阶段	数据内容	坐标系	数据要求
可研设计阶段	数字正射影像	CGCS	分辨率不大于 5m
	数字高程影像	CGCS	网格间距不大于 30m
初步设计阶段	数字正射影像	CGCS	分辨率不大于 5m
	数字高程影像	CGCS	网格间距不大于 30m
竣工图设计阶段	数字正射影像	CGCS	分辨率不大于 0.5m
	数字高程影像	CGCS	网格间距不大于 5m

可研设计阶段：地理信息数据主要用于确定最佳的站点位置，以便多种技术方案从技术可行性、经济效益、环境影响等多方面进行对比选优，提升方案的合理性和可行性。

初步设计阶段：地理信息数据主要用于详细的工程设计，包括站点布局、导线走向、设备位置等。本阶段的地理信息数据应该包括精确的地形数据、地质地貌数据、土壤数据等，以确保设计的可行性和安全性。

竣工图设计阶段：地理信息数据主要用于确保变电站坐标准确，以便在地图上精确定位变电站的位置，并提供变电站周边地区的地形和地貌数据、地下管线（包括电缆、管道等）信息，以避免后续的建设和运维损坏或干扰这些管线。

2. BIM 模型

变电工程的 BIM 模型应该从设计、施工、运维等阶段各参与方的实际需求出发，迭代深化模型精度，并以 BIM 模型为纽带，串联变电工程全寿命周期。各阶段 BIM 模型演变如图 6-2 所示。

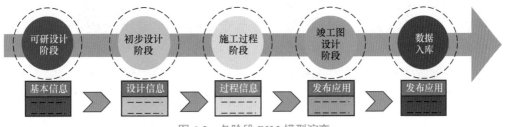

图 6-2　各阶段 BIM 模型演变

可研设计阶段：通常会考虑多种方案以确定最佳的设计方案。这个过程对 BIM 模型的几何表达精度和信息深度要求较低，模型只需体现轮廓尺寸及基本属性，达到 G1 和 N1 的精细度。这种方法可以帮助降低风险、提高效率，并为后续设计和施工阶段提供决策支持。

初步设计阶段：本阶段是变电工程设计方案具体化的过程，需要为多个重要设备建模，如建筑物、变压器、各种开关设备、电缆和导线、控制和保护设备、接地系统等。BIM模型应满足一定的几何表达精度和信息深度的要求，几何表达精度应确保模型准确地反映实际设备的形状和尺寸，信息深度要求包括设备的设计参数、材料属性、空间关系等详细信息，以便进行初步设计评估和性能分析。本阶段模型的几何表达精度要求达到G2，信息深度要求达到N2，部分设备的信息深度要求达到N3。

施工过程阶段：几何表达精度要求更加注重模型与实际施工过程的一致性，模型应准确地反映实际施工过程中的构件尺寸、定位和关系，以支持施工现场的准确定位和精确施工。信息深度要求更加注重模型中包含的施工信息，如构件属性、安装序列、施工工艺等。在本阶段，BIM模型跟随施工过程添加过程信息即可。

竣工图设计阶段：几何表达精度要求关注模型与实际设施的匹配程度，模型应准确地反映实际设施的形状、位置和属性信息，以支持设施的维护管理、故障排除和运行优化。信息深度要求关注模型中包含的资产信息、维护记录、设备性能等信息的完整性和准确性。本阶段模型的几何表达精度要求达到G4，信息深度要求达到N4。

综上，随着变电工程的不断推进，BIM模型各方面的精细度不断提升，最终满足数字化成果入库要求，成为高价值的数据资产，进一步支持发布数据应用。以变压器为例，不同精细度的变压器模型如图6-3所示。

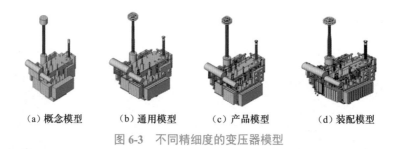

（a）概念模型　　　（b）通用模型　　　（c）产品模型　　　（d）装配模型

图6-3　不同精细度的变压器模型

交付标准将明确各阶段模型的几何表达精度和信息深度，要求交付主体按照标准规定进行模型构建和数据录入，并要求在交付过程中对模型进行审查，以确保模型中的信息完整、准确且可靠。

3. 文档资料

随着设计阶段的推进，工程的实施需要更全面、准确和详尽的文档资料来支持。

各设计阶段文档资料如表 6-4 所示。

表 6-4　　　　　　　　　　　　各设计阶段文档资料

阶段	文档资料
可研设计阶段	可研及专题报告
	图纸
	估算书
初步设计阶段	可研核准文件
	初步设计评审及批复意见
	勘测报告（水文、气象、地质、测量等）
	说明书
	图纸
	专题报告
	概算书
竣工图设计阶段	竣工图评审意见
	竣工图纸（设计图纸、说明书、设备材料清册）
	设备实验报告及实验汇总表
	相关的厂家资料及说明

（三）线路工程交付内容

1. 地理信息数据

线路工程地理信息数据可用于分析输电线路的地形和地貌特征，以确保线路不会受到地形或地质条件的不利影响，从而进行合理的路径规划。线路工程地理信息数据如图 6-4 所示。

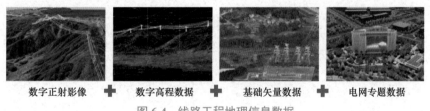

数字正射影像　➕　数字高程数据　➕　基础矢量数据　➕　电网专题数据

图 6-4　线路工程地理信息数据

不同设计阶段对地理信息数据的要求（精度、详细程度）有所不同，其中，数字正射影像和数字高程数据要求如表 6-3 所示。而针对线路工程跨度大、标段多、野外环境复杂的特点，则有电网专题数据，包括风区分布图、涉鸟害故障风险分布图、地震烈度区划图等，以便评估输电线路对周边环境的潜在影响，并采取必要的措施来减轻环境影响。在不同的设计阶段，地理信息数据的应用情况也有所不同。

可研设计阶段：通过综合使用地理信息数据，帮助工程师确定最佳的线路走向。本阶段主要关注的是线路的初步规划和可行性评估，对地理信息数据的要求相对较低，一般只需要大范围的地形、土地利用等基本信息。

初步设计阶段：本阶段需要更精确的地理信息数据来进行初步设计。高分辨率的地形数据、地质数据、土地所有权数据等，以及更准确的地质和气象数据，这些地理信息数据有助于确定线路的详细走向和基本设计方案。

竣工图设计阶段：本阶段需要高精度的地形数据，需要进行实地勘测和测量，以保证地理信息数据与实际场地匹配，以支持后续的施工和监测。

2. BIM 模型

线路工程的 BIM 模型应该充分考虑地理信息数据，包括路径规划、地形分析、可视性分析等，以确定最佳的架空线路布置方案。在此前提下，从设计、施工、运维等阶段各参与方的实际需求出发，利用地理信息三维模型，完整展现线路工程的全貌，以及施工、加工的细节。线路工程BIM模型与地理信息模型结合实例如图6-5所示。

图 6-5　线路工程 BIM 模型与地理信息模型结合实例

可研设计阶段：地理信息系统（GIS）可提供地理信息数据，如地形和土壤条件等，以支持设计方案的可行性评估及多种设计方案的对比选优。BIM 模型则包括主要设备和导线的基本技术参数，如额定电压、额定电流、材料等。本阶段主要侧重于基本的几何特征和基本技术参数的建模，几何表达精度要求达到 G1，信息深度要求达到 N1。

　　初步设计阶段：初步设计阶段应结合地理信息数据进行 BIM 模型的构建。几何表达精度要求着重关注杆塔、金具、绝缘子、基础等模型，应进行三维模型碰撞校验，并对绝缘子和金具的机械强度进行验算。信息深度要求关注挂接接地型式、铁塔重量、主杆埋深、杆塔材质、杆高、架设回路数、基础形式等设计属性。本阶段模型的几何表达精度要求达到 G2，信息深度要求达到 N2，部分设备的信息深度要求达到 N3。

　　施工过程阶段：在进一步深化地理信息数据的基础上，几何表达精度要求更加注重模型与实际施工过程的一致性。可通过装配模型模拟施工现场的安装和零件的加工。信息深度要求关注挂接型号、生产厂家、施工工艺等施工属性。施工人员需要依据模型中的详细信息制定施工计划、协调施工过程、进行资源管理。在本阶段，BIM 模型跟随施工过程添加过程信息即可。

　　竣工图设计阶段：BIM 模型必须准确反映实际线路工程的几何特征，包括塔架、导线、绝缘子等元素的位置、尺寸和形状。BIM 模型应包括与架空线路相关的所有设备的详细信息，如技术参数、电气参数、材料信息、地理信息、施工和维护信息等。几何表达精度要求关注模型与实际设施的匹配程度，确保模型与实际运行状态保持一致。本阶段模型的几何表达精度要求达到 G4，信息深度要求达到 N4。

　　综上，随着线路工程的不断推进，BIM 模型各方面的精细度不断提升，最终满足数字化成果入库要求，成为高价值的数据资产，进一步支持发布数据应用。线路工程各阶段架空线 BIM 模型演变如图 6-6 所示。

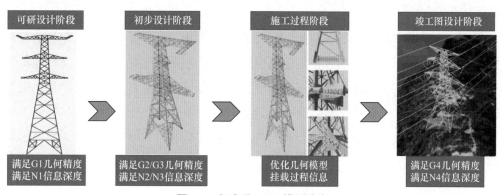

图 6-6　架空线 BIM 模型演变

　　BIM 模型分阶段交付后，可以通过平台的轻量化功能提高模型展示的性能和效率，促进模型传输和共享，并适应不同设备、不同精细度的要求，从而提升 BIM 技术在线路工程中的应用效果。

3. 文档资料

随着设计阶段的推进，工程的实施需要更全面、准确和详尽的文档资料来支持。各设计阶段文档资料如表 6-5 所示。

表 6-5　　　　　　　　　　　　各设计阶段文档资料

阶段	文档资料
可研设计阶段	可研及专题报告
	图纸
	估算书
初步设计阶段	可研核准文件
	初步设计评审及批复意见
	勘测报告（水文、气象、地质、测量等）
	说明书
	图纸
	专题报告
	概算书
竣工图设计阶段	竣工图评审意见
	竣工图纸（设计图纸、说明书、设备材料清册）
	设备实验报告及实验汇总表
	相关的厂家资料及说明

二、交付成果质量控制

交付成果质量控制是数字化成果交付的重要环节，包括责任主体，交付流程和交付审查 3 个方面。明确的责任主体确保了在项目各阶段都有负责人对交付成果的质量负责；完整的交付流程通过规定清晰的交付步骤和时间表，确保数字化成果按时完成和交付；体系化的交付审查可以发现和纠正潜在的问题，确保交付成果的质量符合规范要求。交付成果质量控制有利于提高整个电网工程设计、施工和运维的效率和准确性。

（一）责任主体

在数字化成果交付中，每个阶段都需要有专业的负责人进行管理和监督。为了规范审查工作，激发各参与方主动参与审查工作，需要明确各阶段的责任主体。交付责任主体及其责任如图 6-7 所示，成果提供单位负责数据的制作、修改和更新，成果审查单位负责成果验收和质量审查，并出具质量报告，成果管理单位负责数据的接收、存储和维护，以及成果发布。

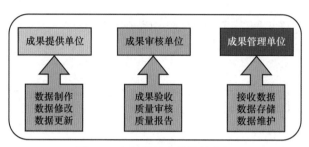

图 6-7　交付责任主体及其责任

（二）交付流程

交付流程分为交付启动、交付过程和交付收尾三个阶段，具体的交付流程如图 6-8 所示。

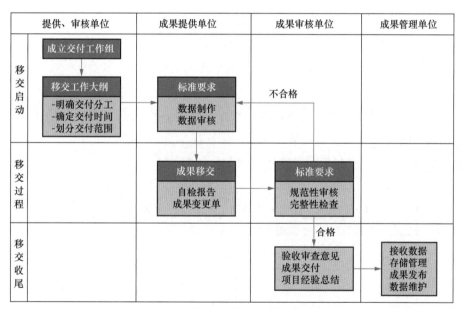

图 6-8　交付流程

从 BIM 技术全寿命周期应用的角度出发，在项目的不同阶段，应该根据工作内容制定交付计划，确定每个阶段的交付时间点。在可研设计阶段、初步设计阶段、竣工图设计阶段完成后，分别启动上述的交付流程。在每个交付流程中，都要进行交付内容的审查和验收。BIM 技术全寿命周期应用中的交付审查工作流程如图 6-9 所示。

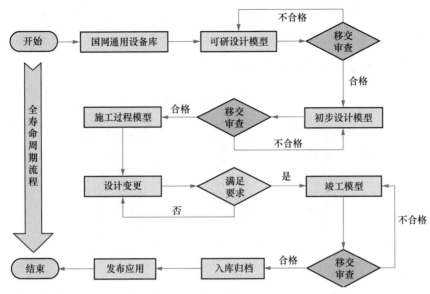

图 6-9　BIM 技术全寿命周期应用中的交付审查工作流程

在整个交付流程中，不同责任主体负责具有不同角色，协同合作，确保 BIM 模型的准确性、完整性和可用性，实现信息共享和无缝协作，提高工程的管理效率和质量。同时，交付流程也需要与相关的数据管理平台结合，实现对 BIM 模型的持续更新和管理，为电网工程的数字化运维和管理提供支持。

（三）交付审查

随着交付成果数据越来越多，为实现不同阶段、不同参与方间信息互通共享，提高电网数据资产质量，需要建立交付质量管控体系，明确管控内容，利用电网大数据关键技术构建的交付质量管控框架如图 6-10 所示。

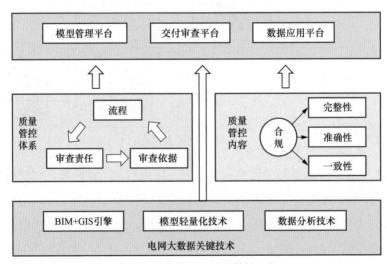

图 6-10　交付数据质量管控框架

1．质量管控体系

质量控制体系是确保电网工程数字化成果高质量的关键要素。质量管控体系主要包括规范的交付流程、明确的责任主体以及完善的审查依据 3 方面的内容。

（1）规范的交付流程：按照事先设定的标准和程序来完成电网工程数字化成果交付，以确保数字化成果的完整性、一致性和准确性。电网工程各参与方应该在各设计阶段结束后，严格按照交付流程进行交付，并在过程中保持沟通和协作，确保交付过程的有序进行。

（2）明确的责任主体：明确各参与方在数字化交付中的角色和责任，确保每个阶段都有专业的负责人进行管理和监督。各参与方及其责任如图 6-11 所示。

图 6-11　各参与方及其责任

（3）完善的审查依据：遵循国家和行业相关标准规范，确保数字化成果的内容和形式符合标准要求，提高交付成果的质量。数字化成果交付审查依据如图 6-12 所示。

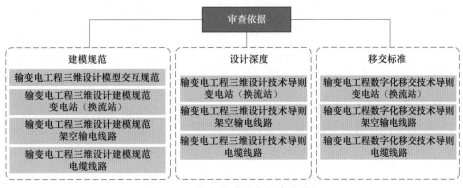

图 6-12　数字化成果交付审查依据

通过建立完善的数字化成果交付质量管控体系，可以有效提高电网工程数字化成果交付的质量，加强数据管理和应用，推动数字化技术在电网工程的广泛应用。

2．质量管控内容

交付审查的主要目的是确保电网工程 BIM 模型在各阶段和各参与方之间正确流

转和更新，最终形成完整、合规的可交付的模型，进行归档及应用。因此，交付审查的关键应用点在于对模型的数据完整性、准确性和一致性进行审查。

（1）数据完整性审查：根据数据完整性所对应的审查依据对交付成果开展审查，包括存储结构审查、部件完整性审查、文件完整性审查等，其作用是判断交付成果是否有缺失、是否满足数字化成果归档要求。数据完整性审查流程如图 6-13所示。

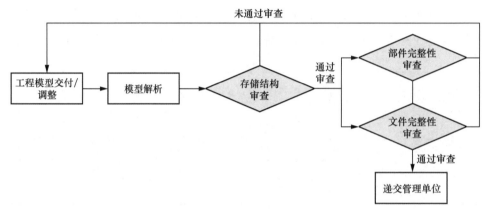

图 6-13　数据完整性审查流程

（2）数据准确性审查：主要是对前序阶段交付的模型进行数据解析，从几何表达精度、信息深度等多个方面进行校核，判断模型是否满足交付要求。

1）几何表达精度：确保模型中几何元素（如墙体、柱子、管道等）的尺寸、位置和形状与实际工程相符，确保模型在三维空间中能精确表示实际建筑物或设施。

2）信息深度：依据《电网工程数据交付规范》，对模型中包含的属性项、属性值进行校核。利用软件将模型解析得到的属性项与《电网工程数据交付规范》规定的属性项进行一一对比，属性项不一致、缺少、冗余都视为未满足要求，需协调成果提供单位进行整改后再次交付。

3）数据来源：确保 BIM 模型中的数据来源可靠，数据的采集和录入要经过验证核实，必要时采用真实的实验数据，以确保数据的准确性。

4）模型命名及编码：主要检测 BIM 模型中设备的命名、编码是否与《电网工程数据交付规范》要求的一致。

（3）数据一致性审查：包括专业间模型一致性审查、数模一致性审查、图模一致性审查、空间位置一致性审查、关联文档一致性审查。一致性审查确保了数字化交付成果在各个方面的一致性，为电网工程的运维管理提供了可靠的数据支持。

1）专业间模型一致性审查：BIM 模型通常包括多个专业，因此需要进行专业间的一致性校验，涵盖构件的连接、对齐、间距等方面的评估，旨在确保模型的各个部分之间没有冲突和矛盾，从而保证模型的整体一致性。这项审查通常可以借助专业设计平台中的空间检测或碰撞检测工具来实现。专业间带电距离检测实例如图 6-14 所示。

2）数模一致性审查：对 BIM 模型中包含的属性和参数数据进行审查，包括材料属性、构件参数、构造系统等方面的评估，验证这些数据是否正确，是否符合相关的规范和设计要求。数模一致性审查通过确保数据、模型和规范在电网工程 BIM 模型等数字化成果中保持一致和相互匹配，从而实现不同专业之间的协同工作和信息共享，提高数字化成果交付的质量和效率。输变电工程数模一致性审查框架如图 6-15 所示。

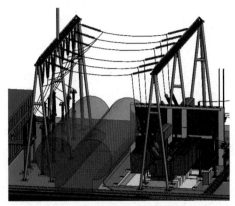

图 6-14　专业间带电距离检测实例　　　　图 6-15　输变电工程数模一致性审查框架

3）图模一致性审查：重点是审查 BIM 模型中各类基准定位图元与实体构件的几何定位信息、尺寸信息、专业属性，与对应图纸的表达一致性。当前，电网工程全寿命周期成果交付以施工图纸为法定交付物。如果 BIM 模型与施工图纸信息不一致，那么后续的造价、施工、运维等环节则无法有效应用模型，而 BIM 技术应用的核心价值正在于模型在工程全寿命周期的流转、共享与共用。通过图模一致性审查，提升图模交付质量，发挥模型价值，对推动电网工程 BIM 技术全寿命周期应用具有重要意义。图模一致性审查实例如图 6-16 所示。

4）空间位置一致性审查：确保 BIM 模型中各个构件在空间位置上正确对齐和关联。在审查过程中，可以利用 BIM 软件的可视化工具和漫游功能来检查模型的空间位置，模型以 3D 视图的形式展现出来，通过旋转、缩放、平移等操作，可以观察模型的各个部分，确保它们在空间中的位置和相互关系是正确的。

5）关联文档一致性审查：审查模型关联的文档资料是否齐全及其准确性，主要依赖人工方式，涉及设计图纸、说明书、设备材料清册等。

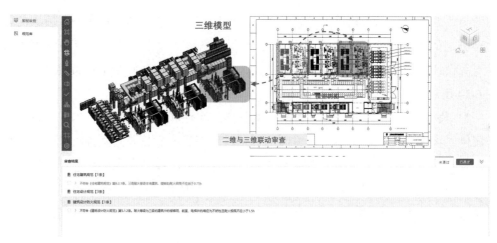

图 6-16　图模一致性审查实例

三、数字化成果的入库与应用

数字化成果入库是指对通过审查的数字化交付成果按不同阶段、不同版本及不同元素进行统一管理，在此过程中需要对成果中所包含的地理信息、BIM 模型及文档资料等进行分类、关联，并进行多源异构数据接入、再加工及处理，从而建立一套"数字孪生模型"，赋能电网工程建设、运维、改造及拆除等环节数字化应用。

（一）数字化成果入库

数字化成果入库是指对数字化交付成果以数据库的方式进行统一管理。首先，对交付成果按地理信息数据、BIM 模型、文档资料、装配模型等类别进行分类；然后，对分类后的数据进行数据清洗，剔除重复数据、无效数据，消除数据中的错误和异常，增强数据可读性和可用性；最后，将分类及清洗后的数字化交付成果以数据库的方式进行归档，形成"工程数据库"，支撑未来的深化应用。数字化交付成果分类如图 6-17 所示。

图 6-17　数字化交付成果分类

（二）数据对象关联

数据对象关联是指将 BIM 模型与其他非模型对象进行关联，通过模型建立数据间的关联逻辑关系。通过数据对象关联可以将 BIM 模型与专业图纸、试验报告、支撑材料、设备验收材料等非结构化数据进行结构化转化，实现 BIM 模型在电网工程数据库中的联动性、开放性和共享性管理，建立电网数据资产"主干网"。

（三）实物 ID 核查与配对

在交付审查环节可以通过软件对设备模型是否具有实物 ID 数据及是否包含相应属性值进行自动审查，但自动审查无法对实物 ID 的正确性进行关联查询判断，因此需要在入库时以工程为单位对实物 ID 及其配对关系进行进一步核查，据核查结果对数字化交付成果进行相应调整，确保成果中记录的电气设备实物 ID 与国家电网有限公司新一代资产精益管理系统（PMS 3.0）保持一致。通过贯通数字化交付成果与 PMS 3.0 系统间数据链路，确保数字化交付成果配对准确的实物 ID，实现组织层、站线层、设备层归集管理，推动设备全寿命成本量化管理，改变当前需登录多个系统进行数据查询的现状，破局"数据应用孤岛"及"数据管理孤岛"，实现设备实物流、业务流、价值流"三流合一"。数据匹配与检查实例如图 6-18 所示。

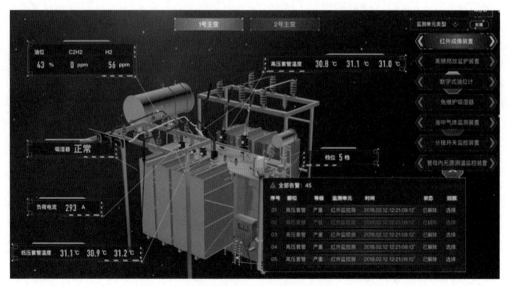

图 6-18　数据匹配与检查实例

（四）多源异构数据接入与维护

多源异构数据接入与维护是将电网工程全寿命周期产生的大量结构化和非结构化数据融合到一个交付成果中，并持续维护设备进场信息、设备成本、工程进度等动态数据，记录各类数据流转情况，以空间映射为核心，形成与现实电网生长规律相契合的数字电网，建设全周期、全尺度、全要素的电网数据资产，进一步提高电网规划、建设、运营的效益。电网工程多源异构数据架构如图 6-19 所示。

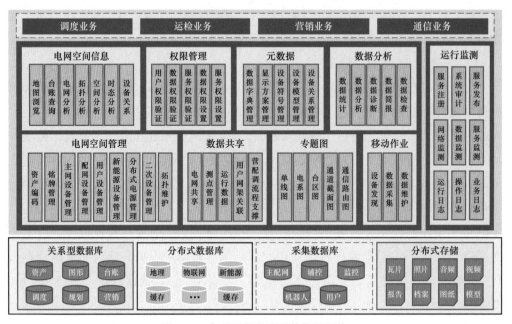

图 6-19　电网工程多源异构数据架构

小结　本节关注数字化成果交付这一典型的、核心的电网工程大数据管理问题。首先从交付精度、交付内容两个方面明确了电网工程数字化成果交付的具体要求。然后从责任主体、交付流程及交付审查等方面介绍了交付成果质量控制的方法。最后以数字化成果与国家电网有限公司 PMS 3.0 系统融合的工程实例，验证了电网工程数字化成果交付促进电网工程管理提升的应用可行性，电网工程数字化成果交付为基于 BIM 模型进行多源数据融合提供了新的治理方法和应用思路。

第二节　电网工程大数据管理

高质量的项目级数字化成果交付实现了电网工程大数据的"清源"，但在工程规划、设计、施工过程中形成的海量数据，存在数字化程度低、存储分散、数据标准不统一等问题，导致大数据管理难度巨大，数据价值难以得到充分发挥，电网工程大数据管理还需要"正本"。

电网工程大数据管理是一项系统性、长期性的工程。本节重点介绍构建电网工程数据图谱，将无序零散的数据进行有效关联，通过数据可视化技术进行综合展示和查询等关键技术及其实践，实现对海量电网工程数据的高效统一管理。

一、电网工程大数据管理需求

（一）电网工程大数据的概念和特点

大数据是指在传统数据处理应用软件难以处理的大规模数据集合，可通过 5V 进行定义，即 Variety（种类）、Volume（数量）、Velocity（速度）、Value（价值）和 Veracity（准确性），如图 6-20 所示。

图 6-20　大数据的 5V 定义

电网工程大数据是以电网工程为对象的大数据，可以理解为电网工程建设全过程产生和获取的数据集，通过对该数据集进行分析，可为项目本身及相关方提供增值服务。本书讨论的电网工程大数据专指工程可研、设计、施工等建设全过程所产生的各类工程数据。

电网工程大数据既具备大数据特征也具备工程属性，其特征可概括为数据多样、数据量大、数据管理复杂、价值密度低。

（1）数据多样。数据多样特征体现在多方面：①数据来源多样。电网工程大数据来源于设计单位、施工单位、监理单位、科研单位、航飞数据采集单位、建管单位、环评单位等多参与方。②数据类型多样。电网工程大数据包括影像数据、数字高程模型、电网专题数据、三维模型、文档资料、属性参数、科研创优成果、环水保资料、技经造价数据等，由各种结构化、半结构化和非结构化数据组成，如图 6-21 所示。③数据格式多样。电网工程大数据主要包括 *.dwg、*.dgn、*.rvt、*.gim、*.tif、*.shp、*.pdf、*.jpg 等数据格式，不同数据格式对应不同数据类型，如 *.tif 一般对应影像数据类型、*.pdf 一般对应文档资料数据类型。

（2）数据量大。电网工程建设涉及可研、设计、施工等多个阶段，每个阶段都会产生大量数据，如可研阶段会产生影像数据、电网专题数据，设计阶段会产生三维模型、设计图纸、文档资料等，施工阶段会产生进度、安全、质量等相关的数据。单个电网工程的数据量往往在 TB 级以上。且随着电网建设力度加大，还会不断有新建工程产生新的数据，不断积累，使电网工程数据量更加庞大。

（3）数据管理复杂。数据多样、数据量大都是数据管理复杂的直接原因。数据多样带来的是标准不统一、不规范的问题，如 Revit 输出的模型格式为 *.rvt、MicroStation 输出的模型格式为 *.dgn，不同软件输出不同格式的模型文件，带来数据格式统一的问题。数据量大主要涉及数据存储的问题。不同类型的数据需要采用不同的存储方式，如结构化数据多以关系型数据库存储，非结构化数据多以文件数据库存储，并且需要建立关联关系表。传统的工具和方法无法对电网工程大数据进行收集、存储、管理和分析，需要利用先进的技术手段对数据进行处理，才能有效发挥数据的应用价值。

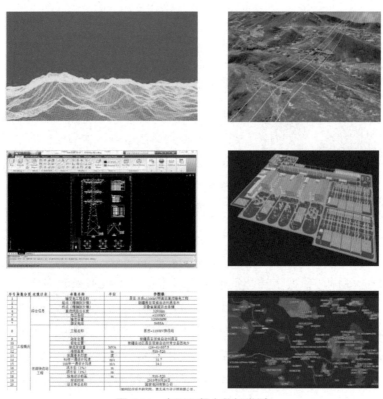

图 6-21　电网工程大数据类型

　　（4）价值密度低。电网工程大数据存储非常零散，导致数据价值密度较低。单个工程的数据价值通常并不凸显，通过整合多个工程的低价值密度的数据，可以产生规模效应，得到高价值密度的信息资产。在数据全量归集的整合过程中，需要对数据进行清洗和治理，建立数据间的关联，并提取有效的信息，实现数据价值的"提纯"。在工程实践中，可以利用电网专题数据及工程设计指标数据支撑电网可研设计方案优化及审查，为设计人员及专家提供参考借鉴，利用电网工程大数据进行设计方案优化实例如图 6-22 所示；可以利用累积的多个工程的造价数据进行趋势分析，为新建工程投资决策提供参考；还可以开展各类数据的综合查询，支撑数据多维度分析及应用。

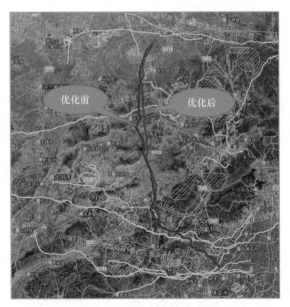

图 6-22　设计方案优化实例

（二）电网工程大数据管理要点

对分散、无序、庞大的数据，需要利用先进的理念和技术手段进行组织和管理，才能更好地发挥数据价值，实现数据共享共用，助力数据信息增值服务。

1. 集中管理是改善数据质量的有效措施

电网工程建设全过程中，设计资料由设计院产生、影像地形数据由航飞单位产生、建设过程数据由建管单位和施工单位等产生，其他数据也分别由不同单位产生，造成电网工程数据源头多、类型多，且处于多单位独立分散管理的状态。

将所有数据集中存储、集中管理，可以提高数据的准确性和一致性，避免数据分散存储时潜在的数据冲突导致的信息不准确或数据错误等问题。数据集中管理还可以实现实时的数据更新，促进信息共享和流程协作，提高工作效率；便于控制数据权限，实现对数据的安全保护，确保敏感数据的保密性和合规性。

针对电网工程大数据分散、多源的情况，有必要通过构建统一数据架构，明确数据范围、定义数据组织结构、建立数据仓库，实现数据的集中管理（见图6-23）。

2. 数据关联是提升数据价值的关键方法

电网工程数据独立、分散存储和管理导致了数据的无序性，即便是集中存储在档案室的数据也没有建立数据间的有效关联关系，造成数据查询不便捷、不高效。

知识图谱是一种图形数据结构，它将知识表示为实体、属性以及它们之间的关系的集合，以结构化和相互关联的方式组织信息，实现知识的高效检索和推理。传统知识工程知识管理向知识图谱的转变如图6-24所示。

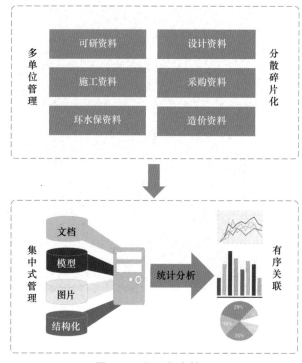

图 6-23　数据集中管理

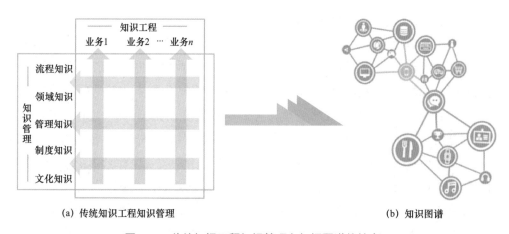

(a) 传统知识工程知识管理　　　　　　　　　　　　(b) 知识图谱

图 6-24　传统知识工程知识管理向知识图谱的转变

　　通过数据关联构建电网工程大数据知识图谱，可以实现电网工程建设全过程、各环节数据信息的深度融合，建立三维模型和工程资料的有序关系，支撑数模一体综合查询分析，提高电网工程数据对各类业务的支撑能力，真正实现从"数据"到"信息"的转变，最终实现数据管理的巨大跨越。数据关联融合如图 6-25 所示。

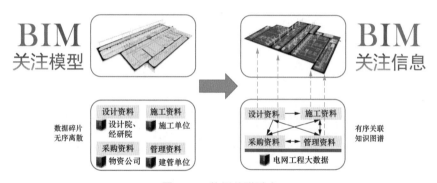

图 6-25　数据关联融合

3. 数据可视化是信息直观表达的高效方式

电网工程建设全过程产生的数据大多是非结构化的，包括影像数据、三维模型、设计图纸、文档资料、图片等，少量数据是结构化的，多样的数据造成了数据展示困难，存在展示方式单一、展示效果不直观等问题。

数据可视化即以图形和图表等形式展示数据。使用三维模型、统计图表、图形等形式可以清晰有效地向用户传达信息，借助高阶可视化技术，还可以对图形图表进行深入挖掘以获取隐藏的或详细的信息，可以实现交互方式的数据多维查询。

在实践中，为了更直观、更高效地浏览和查询数据，需要利用数据可视化技术对归集的电网工程大数据进行展示，一般以三维模型为载体，以数据关联为支撑，直观展示电网工程，实现"二维列表"到"三维可视"的跨越。线路工程三维可视化实例如图 6-26 所示。

图 6-26　线路工程三维可视化实例

4. 数据平台化是数据管理及应用落地的有效途径

数据平台化即针对数据采集、数据存储、数据处理、数据分析、数据可视化、数据服务等各个层面的功能提供一体化的解决方案。数据平台化有多方面的益处，如便于数据安全管理，减少数据泄露等数据安全事故的发生；更好地实现数据联动分析，数据访问更加便捷，数据分析所需的时间和资源也更少；便于实现数据可视化、提供数据服务。

在实践中，电网工程大数据平台以 BIM 为核心，综合利用 GIS、三维可视化、多源数据融合等技术构建数据底座，利用数模关联技术实现三维模型和工程数据的自动化关联融合，构建以地理空间数据库、三维模型库、工程信息库为主的工程数据库，将分散的数据形成规范统一的数字化成果，支撑电网工程数据的多维融合和全息展示，并为各类业务应用提供地图服务、模型服务、空间服务、文件服务，进一步提高电网工程数据共享能力，推动工程数据价值挖掘。电网工程大数据平台总体架构如图 6-27 所示。

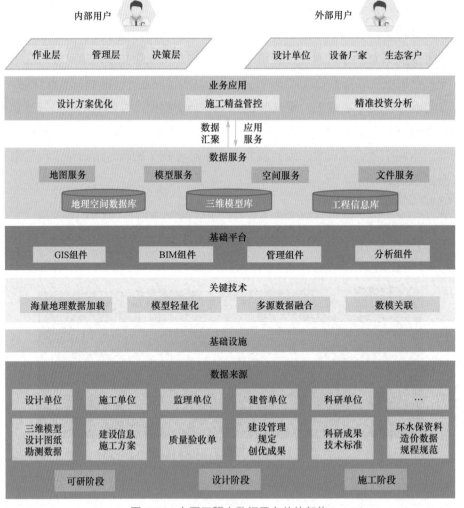

图 6-27　电网工程大数据平台总体架构

二、电网工程大数据管理实施路径

（一）数据标准化

电网工程大数据来源于不同单位，数据格式多种多样，要进行集中管理就需要进行数据标准化处理，即通过数据治理提高数据的规范性。数据标准化可以确保不同系统和场景下数据的一致性，避免数据重复和冗余，提高数据的可信度和可靠性。通过统一数据格式、命名规范和单位，可以增强数据的一致性，方便数据的比对、整合和分析。标准化的数据更易与其他系统进行有效集成和共享，通过统一数据的标准和接口，可以降低数据集成的难度和成本，提高数据的流动性，扩大数据共享和应用范围。数据标准化是提高数据质量和数据价值的重要手段，只有做好数据标准化才能更好地管理和利用数据，才能真正发挥数据的价值。

以电网工程三维设计模型为例，新建工程采用三维正向设计，遵循 NB/T 11199—2023《输变电工程三维设计模型交互与建模规范》的相关要求，该系列标准从设备建模深度、建模范围、层级结构、模型细度、文件格式等方面做了要求，规范了设计单位提交的成果；存量工程未采用三维正向设计，没有相关标准遵循，部分工程没有三维模型，已有的模型也格式各异，因此需要制定存量工程的建模规范，明确建模深度等，以及工程资料与模型的关联方式。

（二）地理空间信息模型构建及可视化

1. 地理空间信息模型构建

地理空间信息模型包括资源、环境、经济和社会等领域的一切带有地理坐标的数据，是地理实体的空间特征和属性特征的数字描述。地理空间信息模型以地理信息数据为基础，电网工程的基础地理信息数据包括栅格数据和矢量数据两大类，其中，栅格数据主要有数字正射影像、数字高程模型；矢量数据主要有输电线路通道数据、电网专题数据等。

数字正射影像（见图 6-28）主要通过航空摄影方式或激光方式获取，为保障在各类平台中的加载效果，数据需依次经过无效数据去除、坐标系转换、生成镶嵌数据集、色彩调整等一系列步骤，得到完整、色彩真实、色调统一的数字正射影像数据集。为了提高在三维地理空间中的加载速度和加载效率，需要对影像进行切片处理，处理后的切片可直接发布服务，用于地理信息模型加载。

数字高程模型（Digital Elevation Model，DEM）（见图 6-29）通过有限的地形高程数据实现对地面地形的数字化模拟，它是用一组有序数值阵列表示地面高程的一种实体地面模型。对于三维地理空间信息模型而言，规则格网 DEM 数据是目前常用的地形数据格式。将 DEM 数据进行边缘异常值处理、DEM 融合、投影转换等处理，得到可用于构建地理空间信息模型的 DEM 成果数据,对此成果进行切片处理后,用于可视化展示。

图 6-28 数字正射影像

图 6-29 数字高程模型

电网专题数据包含冰区、风区、雷区、鸟害区、舞动区等数据,输电线路通道数据(见图 6-30)包含自然保护区、规划区、环境敏感点等数据。利用 GIS 软件对这些信息进行处理并发布服务,用于可视化展示。

2. 可视化关键技术

电网工程纵横交错,具有分布范围广,单项工程跨度长,空间复杂度高等特点。在电网工程建设过程中累积了海量的卫星遥感影像、高清航空摄影、数字高程模型等地理信息数据,以及倾斜摄影数据、点云数据、输电线路通道数据和电网专题数据。由于地理信息数据的复杂性,加载海量地理信息数据需要使用一些关键技术来提高加载和处理的效率。

图 6-30　输电线路通道数据

采用一种基于瓦片四叉树的全球空间数据组织与调度技术，通过将海量地理信息数据集分割成较小的网格状的块或瓦片，以便在使用时只加载所需的部分数据。同时，使用数据索引和空间索引来加速地理信息数据的查询和访问。常用的索引结构包括 R 树、四叉树、八叉树、网格索引等，可以根据地理信息数据的空间关系来构建索引。基于等经纬度的全球瓦片剖分如图 6-31 所示。

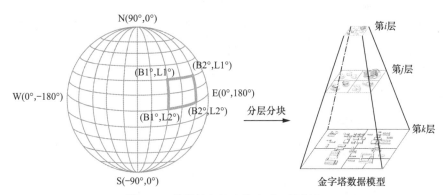

图 6-31　基于等经纬度的全球瓦片剖分

在海量地理信息数据加载过程中，由于屏幕范围有限，不是所有数据都需要加载到场景当中的，需要提前判断数据的可见性。动态裁切即在三维场景渲染前或者渲染过程中去除不必要的数据或剔除重复数据，从而实现海量地理信息数据的快速、高效渲染。视锥体裁切如图 6-32 所示。

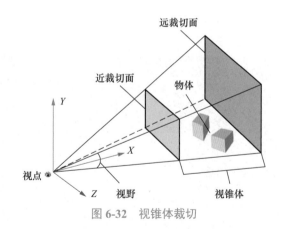

图 6-32 视锥体裁切

数据缓存、内存管理、并行计算和分布式计算等技术也是提高地理信息数据访问速度的常用关键技术。可以将常用的数据缓存到内存中，减少磁盘 I/O 和网络传输的开销，使用多线程或分布式计算框架（如 Hadoop、Spark）来并行处理地理信息数据。

通过地理空间信息模型的构建与可视化关键技术的综合运用，实现海量地理信息数据的高效加载，为电网工程大数据 GIS 底座的搭建提供基础支撑。

（三）电网工程信息模型构建及轻量化

1. 电网工程信息模型构建

电网工程信息模型构建包含四个关键因素，即统一的参考坐标、统一的基准点、统一的建模单位、统一的模型格式。首先要确保所有空间信息必须在统一的坐标系下（如右手笛卡尔坐标系），然后需要确定相对坐标的统一基准点，建模单位一般统一采用毫米，最后建模完成后输出统一的模型格式。

杆塔（见图 6-33）、绝缘子、变电站（见图 6-34）等设备、设施按照建模规范及相关设计图纸进行三维建模，模型构建完成之后，通过线路工程确定杆塔坐标、挂点等信息，通过变电工程根据平面布置图将设备、设施进行拼装。通过上述操作将相关信息关联起来，建立塔与塔、塔与站之间的联系，进而构建电网三维模型。

电网工程信息模型包含很多相同及相似的设备，这些设备大多可以通过相同参数的基本图元拼装、组合建模。通过对球体、长方体、棱台、圆环等基本图元，以及瓷套、绝缘子、锥形瓷套、绝缘子串、端子板、法兰、导线、电缆等专用几何体进行建模，可以减少建模的重复性工作，可以大大提高建模工作的效率。

2. 轻量化关键技术

轻量化是 BIM 领域一个为人熟知的概念，其大概含义是在保持模型外观和功能的前提下，对模型中的几何、纹理、属性等数据进行压缩简化，以达到快速存储和传输、流畅展示的目的。电网工程信息模型往往体量很大，尤其是特高压换流站工程，设备种类多、模型精细、结构复杂，需要较高的系统配置、较长的加载时间、较大的存储空间才能达到很好的展示效果，否则会面临渲染速度慢或无法正常渲染、用户等待时间过长等问题。

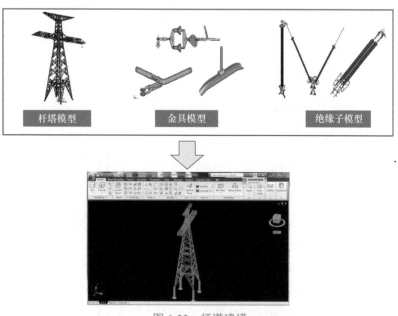

图 6-33　杆塔建模

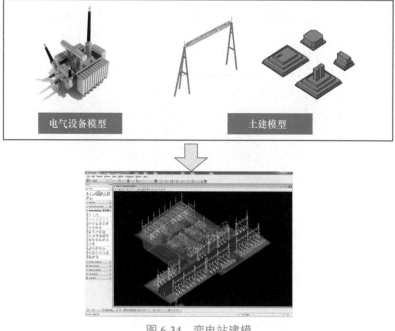

图 6-34　变电站建模

（1）模型简化。使用简化算法和工具对模型进行简化，以降低模型的复杂度。常用的模型简化方法包括减少顶点数、合并相似顶点、删除冗余信息等。常用的网格简化算法包括顶点抽稀算法（Vertex Decimation）、边塌陷算法（Edge Collapse）、面合并算法（Face Merging）、网格简化算法（Quadric Error Metrics）等。网格简化如图 6-35 所示。

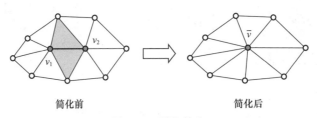

简化前   简化后

图 6-35 网格简化

（2）顶点压缩和纹理压缩。顶点压缩是一种用于减少模型数据量的技术，通过对顶点数据进行压缩，减少存储空间和传输带宽的使用。顶点压缩可以在保持模型形状和细节的前提下，减少顶点数据量，提高渲染效率和性能。常用的顶点压缩算法为 Draco，可用于压缩和解压缩 3D 几何网格和点云，大幅加速 3D 数据的编码、传输和解码。纹理压缩是一种将纹理图像数据进行压缩的技术。通过纹理压缩，可以在保持纹理质量的前提下，减少纹理数据量，进而节省大量内存消耗。同时，纹理压缩后的图片无须 CPU 解压即可被 GPU 读取，可以提高渲染效率和性能。常用的纹理压缩方式包括 DXT 压缩、WebP 压缩、PVR 压缩、ETC 压缩等。纹理贴图压缩过程如图 6-36 所示。

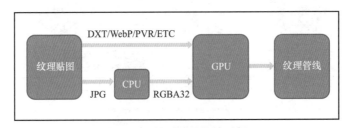

图 6-36 纹理贴图压缩过程

（3）细节层次模型（Level of Detail，LOD）技术。LOD 技术是计算机图形学中一种有效的控制场景复杂度的方法，它通过逐次显示景物的细节来降低场景的复杂性，提高绘制算法的效率。其基本思想是用多层次结构的物体集合描述一个场景，即空间中的物体具有多个模型，模型间的区别在于细节描述程度的不同，而物体的重要程度由物体在显示空间所占面积、比例等多种因素确定。与原模型相比，每个模型均保留了一定的层次细节。当从近处观察物体时，采用精细模型显示，当从远处观察物体时，则采用粗略模型显示，模型随视点远近的变化而采用不同的细节层次模型。模型 LOD 对比效果如图 6-37 所示。

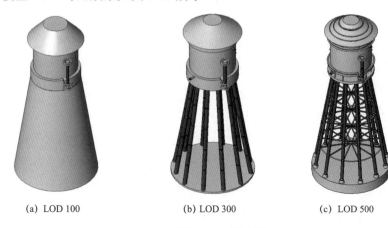

(a) LOD 100　　　　　(b) LOD 300　　　　　(c) LOD 500

图 6-37　模型 LOD 对比效果

　　针对电网工程信息模型结构复杂、数据量大、琐碎小模型数量多等特点，综合利用模型简化、顶点压缩和纹理压缩、LOD 技术、动态调度、模型复用等多种轻量化技术，可以有效提升电网工程三维模型的展示效果，更好地适应电网工程的各种业务应用场景。如图 6-38 所示，庞大复杂的换流站模型也可以整体进行三维可视化展示。

图 6-38　换流站模型三维可视化

（四）BIM+GIS 数据集成

　　电网工程建设过程中涉及大量的 BIM 数据和 GIS 数据，BIM 数据全寿命周期管理需要 GIS 数据的参与。GIS 侧重宏观地理环境的研究，能够提供各种空间查询及空间分析功能，在电网工程建设过程中可为 BIM 提供决策支持，因此 BIM 需要 GIS；对于 GIS 来说，BIM 是一个重要的数据来源，可以让 GIS 从宏观走向微观，实现地理信息精细化管理，因此 GIS 也需要 BIM。BIM 数据和 GIS 数据包含了不同视角的不同信息，通过将 BIM 数据和 GIS 数据进行融合，统一到一个平台中，可以获取更全面、更准确的信息，提高数据的价值和可信度，支持更深入的数据分析和决策。BIM+GIS 数据集成包含以下几个方面。

1. 空间坐标基准统一

BIM 数据通常采用独立的坐标系，如地方坐标系，而 GIS 数据来源众多，采集方式各异，所采用的坐标系也存在一定的差异。因此，BIM+GIS 数据集成面临各自坐标系不同、无法匹配的问题。通过工程坐标系到国家 2000 坐标系（见图 6-39）之间的转换，可以将 BIM 模型、矢量专题、倾斜、点云等多源数据统一到一个坐标系，实现与卫星地图、航片影像的精确匹配。

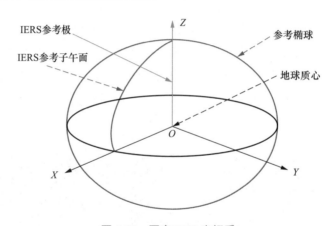

图 6-39　国家 2000 坐标系

2. 多源异构三维模型融合

多源异构三维模型融合主要指统一 BIM 模型格式，具体做法包括基于国产 BIM 图形引擎和通用 BIM 标准，设计统一的三维数据交互格式；开发 Bentley、Revit、AutoCAD 等三维设计软件的相关插件，通过插件导出统一格式的模型文件。电网工程领域 BIM 设计软件种类较多，模型格式包括 gim、dgn、dwg、rvt、max 等，通过统一模型格式可以真正实现电网工程多源异构三维模型融合。

3. BIM 数据与 GIS 数据融合

BIM 数据和 GIS 数据融合的一般做法是将 BIM 数据转换为 GIS 数据，使两者能够兼容。基于统一的空间坐标基准以及统一的电网工程模型格式，可以将 BIM 数据处理成 GIS 数据，如 3dTiles 瓦片、超图 S3M 瓦片。然后，在 GIS 平台上，通过叠加影像、地形、倾斜、点云等 GIS 数据，实现 BIM 与 GIS 数据的融合展示。

（五）数模一体关联

数模一体关联即将三维模型数据与属性信息、图纸信息、文档资料等信息建立关联关系，使电网工程数据真正变成"活"的数据。通过数模一体关联，工程的所有相关信息都可以互相验证，确保了信息间的一致性，减少了信息遗漏，从而可以提高电网工程大数据的整体质量。

数模一体融合设计如图 6-40 所示。通过设计统一三维数据模型及语义信息映射，把电网工程各个阶段的属性信息等关联融合到工程 BIM 模型中，对工程全寿命周期涉及的所有结构化和非结构化数据，通过数据标准化、数据集成、数据库等技术实现深度融合和一体化展示，最终实现数模一体管理。

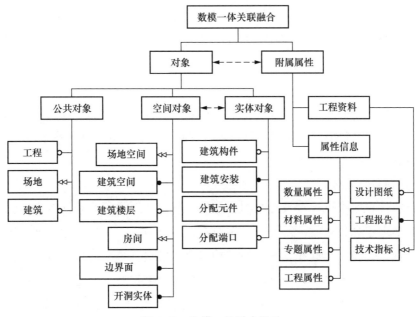

图 6-40　数模一体融合设计

数模一体关联需要将电网工程大数据按照工程阶段、数据种类、级别等进行划分，构建基于关联数据的数据资源融合模型，该模型主要包含数据资源层、语义描述层、关联融合层、应用服务层 4 层，将三维模型实体要素与属性信息、文档资料等进行映射，每一层为上一层提供支撑，实现数据资源逐层深化融合，形成一个系统化的融合服务体系。数模一体关联实施关键步骤如图 6-41 所示。

1. 定义数据资源层

数据资源是关联融合的基础。可以借助工具或者通过人工手段进行实体识别，并抽取实体之间的关系，从而建立起数据资源之间的相关性。

2. 构建语义描述层

语义描述是数据资源关联和融合的重要步骤，数据资源本身体系庞大，资源类型多样，包括文本、图片，视频以及三维模型等，通过建立元数据表揭示这些特定资源所涉及的属性和概念，并引入本体概念来实现不同资源间的语义描述和互操作。

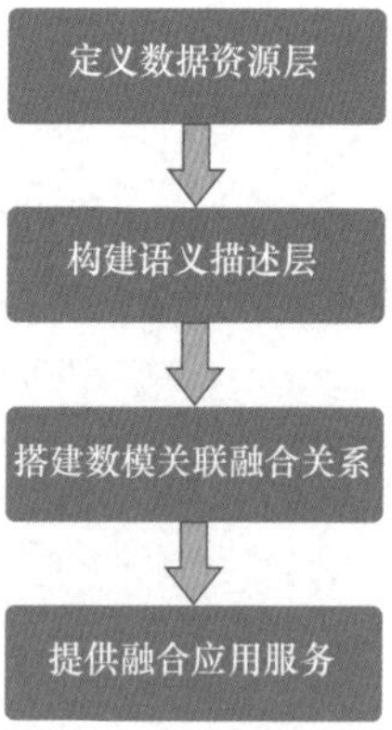

3. 搭建数模关联融合关系

通过在不同实体之间建立关联，并且尽可能地与外部数据建立关联，从而构建起关联数据网络，形成数据资源关联融合层这一关键层。

4. 提供融合应用服务

关联融合提供关联数据的访问和检索等服务，包括关联数据浏览、语义检索、个性化服务等，通过一类资源与其他各类相关资源的无缝链接，深层次揭示数据资源之间的关联融合关系，促进信息的发现和利用。

图 6-41　数模一体关联实施关键步骤

（六）数据存储和管理

电网工程数据的存储和管理是电网工程建设中非常重要的一环。有效的数据存储和管理可以提高数据的可靠性、可访问性和可利用性，为电网工程的规划、建设、运营提供有效支持。

1. 地理信息数据

对地理信息数据进行有效的组织、存储和管理，以便于后续的查询、分析和应用。构建地理信息数据库，实现对影像数据、地形数据、矢量专题数据等工程基础地理信息数据的统一存储和管理。通过构建空间索引，提高地理信息数据的查询效率。可以按照空间范围、时间范围、专题类型等对数据进行分区管理，提高管理灵活性。此外，电网工程所涉及的地理信息数据往往包含敏感信息，需要采取措施，如用户权限管理、数据加密、访问控制等手段，来保护数据安全。

2. 三维模型

建立电网三维模型数据库，包括输电线路模型、变电设备模型、通信设备模型、监测装置模型、电网公共设施模型等，提供电网工程三维模型数据的上传、下载、审核、展示、分类管理等功能，实现对大规模电网工程三维模型数据的综合管理。可以以单体电力设备、变电站等为管理单元，遵循标准化、结构化、可视化的信息维护原则，形成通用设备模型库。可以分工程、类型、电压等级进行检索查询，对外提供传输接口，实现数据共享和模型复用。电气一次设备模型库如图 6-42 所示。

3. 文档资料

电网工程通常涉及大量的文档资料，包括设计文件、施工图纸、合同文件、技术规范、验收报告、科研、创优资料等。电网工程文档资料的存储和管理是一个复杂而重要的工作，需要建立科学的管理制度和流程，并借助信息化手段提高工作效率和质量，提高文档资料的利用价值。

根据文档的性质和用途，将文档进行分类，如设计文件、施工图纸、合同文件等。为每个文档资料分配唯一的编号，便于标识和检索。同时，为文档资料设置清晰的命名规则，保证文档的名称能够准确反映其内容。建立文档资料的索引和目录，便于快速检索和查阅。结合编号和名称设置管理规则，确保文档有序存放。对于涉密的文档资料，还需要进行保密处理，设置管理权限，只有相关人员才能查看和修改。及时更新文档资料，进行版本控制，确保使用的是最新的文档版本。

（a）主变压器　　　　　　　（b）电容器　　　　　　　（c）穿墙套管

（d）平波电抗器　　　　　　（e）换流阀　　　　　　　（f）隔离开关

图 6-42　电气一次设备模型库

4. 工程数据

工程数据是指工程建设过程产生的各类业务数据，包括工程概况、进度数据、安全数据、质量数据、技经数据、环水保数据、设计数据、科研创优数据等（见图 6-43）。构建工程数据库，对单项工程的业务数据进行分类存储管理，通过开发查询接口、数据分析工具等方式，实现对工程数据的快速查询和分析。通过工程数据库，还可以对多项历史工程进行统计分析，为新建工程提供指导。

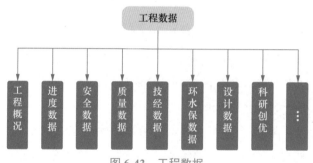

图 6-43　工程数据

三、电网工程大数据管理实践

为推动 BIM 技术在电网工程中的深化应用，创新电网工程全寿命周期数字化管理模式，挖掘电网工程数据应用价值，2020 年 12 月国家电网有限公司启动特高压大数据系统建设，以特高压电网工程建设为切入点，探索电网工程创新应用新实践。通过建设特高压大数据系统，实现与智慧工地系统对接，提升工程建设管控能力；建立电网工程数字化工作规范，提高工程数据归集质量；加强数据统一集中管理，提升数据应用价值。

（一）系统建设

特高压大数据系统是电网工程数据管理和分析展示平台，主要包含建设管控、数字电网、数据资源、知识管理、技经大数据等模块，实现特高压工程全过程数字化管控和工程数据的统一集中管理及价值挖掘。

1. 建设管控

该模块可以总览在建工程数量、工程规模、设计进度等，对接智慧工地系统实现在建工程现场进度、安全、质量、物资、队伍、环水保等信息的接入及可视化展示，辅助管理者开展工程现场管控、督导。特高压大数据系统建设管控模块如图 6-44 所示。

图 6-44　特高压大数据系统建设管控模块

2. 数字电网

该模块搭建特高压工程数字电网，全面归集特高压工程建设过程中的地理信息、专题数据、三维模型、属性数据、文档资料等，实现全量特高压工程站线一体化综合展示与分类关联查询。数字电网可以直观显示投运工程三维模型、工程概况、工程特色、主要技术指标、支撑性文件、工程科研和创优成果。特高压大数据系统数字电网模块如图 6-45 所示。

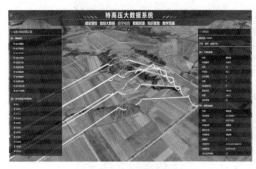 

(a) 线路工程三维可视化　　　　　　(b) 变电工程信息查询

图 6-45　特高压大数据系统数字电网模块

3. 数据资源

该模块汇集特高压工程数据资源，管理地理信息、三维模型、工程文档、技术指标等基础数据，对外提供数据服务。地理信息管理主要实现工程影像、地形、通道专题数据的管理，能够查询全国范围内规划区、矿区、风景名胜区等数据。模型资源管理实现变电站、换流站、线路工程的设备模型及工程模型的管理，支持模型浏览、属性信息查询等。工程文档管理主要实现工程建设前期、可研、设计、施工、竣工等多个阶段的工程资料，包括可研批复、核准文件、评审意见、设计图纸、专题报告、环境影响报告等的管理。特高压大数据系统数据资源模块如图 6-46 所示。

4. 知识管理

该模块对国家电网有限公司相关规章制度文件和项目建设成果进行全面梳理总结，包括电网工程建设管理规定、设计规程规范、标准化文件、典型案例、工作文件模板、培训课件、科研成果、重要工程资料等，按照不同业务进行集中分类管理，同时提炼工程优秀设计、施工方案，形成最佳实践案例。

该模块通过打造知识库、经验库，供各级管理人员和技术人员学习查阅，为工程建设提质增效进行知识赋能，提高电网工程建设全过程管控质量和日常工作效率。特高压大数据系统知识管理模块如图 6-47 所示。

图 6-46　特高压大数据系统数据资源模块

图 6-47　特高压大数据系统知识管理模块

5. 技经大数据

该模块构建工程造价地图，支撑工程"五算"数据的管理及分析，可实现多维度数据的汇总和查询，管理技经造价类工程批文、计价依据等知识，方便用户查询使用。特高压大数据系统造价地图功能如图 6-48 所示。

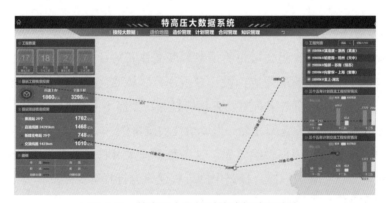

图 6-48　特高压大数据系统造价地图功能

（二）特色成效

特高压大数据系统在建设过程中研究攻克了海量地理信息数据加载、模型轻量化、多源数据融合、数模一体关联等技术，基于 BIM+GIS 技术构建了双引擎，重点解决了全量工程站线一体综合展示、多源多类型模型数据统一、大体量模型快速加载与渲染、三维模型与工程数据融合、工程数据资料集中式管理等问题，形成了一系列电网工程应用特色成效，为建设电网工程数据中心、提升数据价值、实现数据共享共用提供了示范。

1. 全量工程站线一体综合展示

特高压大数据系统采用 BIM+GIS 双引擎技术路线，构建了多场景展示模式。在 GIS 引擎的大场景下管理展示线路工程全部信息，以及变电站、换流站的轻量化模型和关键数据资料；需要查看变电（换流）站工程的精细化模型和数据资料时，调用 BIM 引擎，实现小场景下的快速浏览查看。这样，既满足了大场景下数字电网的综合展示需求，也解决了大体量特高压工程数据模型解析调用困难的问题。双引擎支撑站线一体综合展示如图 6-49 所示。

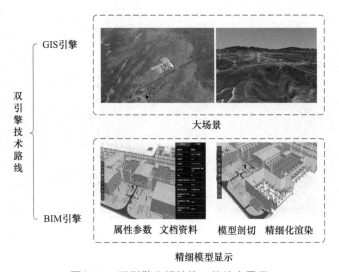

图 6-49　双引擎支撑站线一体综合展示

线路工程一般会跨越多个省，长度从几百千米到几千千米不等，通过 GIS 场景实现线路工程模型的加载及可视化，支持按单项工程、包段、单基塔分级进行场景定位，实现从宏观浏览到精细查看。变电（换流）站采用了两种不同精细度的模型数据，精细度较低的模型在 GIS 场景中和线路工程一并加载，精细度较高的模型在 BIM 场景中进行加载。支持按照整站、区域、设备进行分级展示和定位，以及查询对应层级的关联信息。特高压大数据系统工程数据加载及可视化功能如图 6-50 所示。

(a) 线路工程

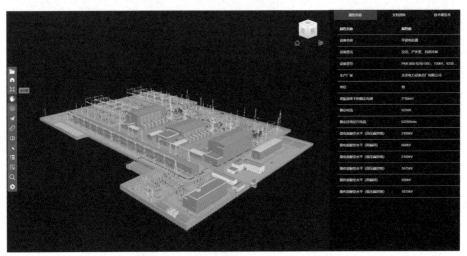

(b) 换流站工程

图 6-50 特高压大数据系统工程模型加载及可视化功能

2. 多源多类型数据统一

针对数字正射影像、数字高程模型、激光点云、倾斜模型、矢量专题数据等不同类型的地理信息数据，特高压大数据系统采用 SuperMap 软件将数据统一处理成 s3m 格式，存入 GIS 数据库，并进行服务发布，满足了多源、多类型地理信息数据的加载及可视化展示的需求。特高压大数据系统地理信息数据加载功能如图 6-51 所示。

(a) 地形影像数据

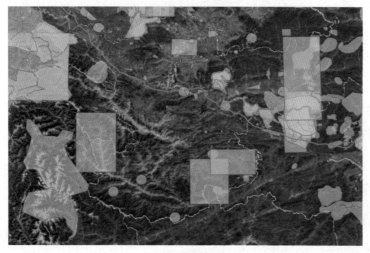

(b) 专题数据

图 6-51 特高压大数据系统地理信息数据加载功能

　　由于历史原因，电网工程三维模型存在 dgn、dwg、rvt、max、gim 等多种数据格式，且相同模型格式还存在版本差异。针对这一现状，基于国产 BIM 图形引擎 BIMBase，开发面向 Bentley、Revit、AutoCAD 等不同设计软件的相关插件，通过插件导出统一格式的三维模型，实现多格式模型统一实现方式，如图 6-52 所示。

图 6-52 多格式模型统一实现方式

3. 大体量模型快速加载与渲染

特高压工程换流站建设规模大，三维模型数据量也大。单个换流站工程三维模型数据量往往超过1GB，三角面片也在1亿个以上，甚至接近2亿个。以昌吉换流站、古泉换流站、泰州换流站、锡盟换流站为例，对比主流BIM软件和特高压大数据系统的效率：主流BIM软件在调用上述换流站三维模型时会出现加载速度慢、渲染效率低，甚至无法打开模型等诸多问题；特高压大数据系统针对特高压变电站、换流站等大体量工程三维模型采用了轻量化技术，将次要部件进行剔除，在渲染不失真的情况下保留更少的有效信息，同时针对模型解析和渲染对底层数据引擎算法进行了适应性优化，大大提高了模型加载和渲染的效率，提升了用户体验。特高压大数据系统（使用BIMBase+）和主流三维软件加载大体量模型的时间对比如图6-53所示，特高压大数据系统中某特高压换流站可视化效果如图6-54所示。

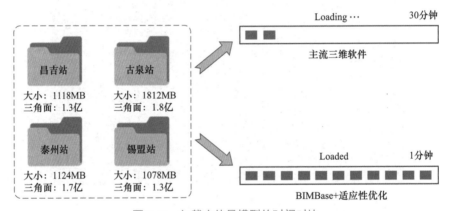

图6-53　加载大体量模型的时间对比

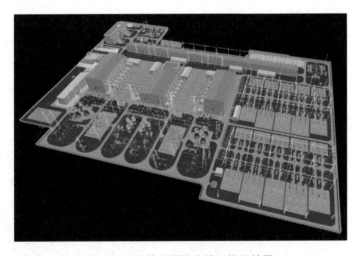

图6-54　某特高压换流站可视化效果

4. 三维模型与工程数据融合

特高压大数据系统将关注重点从三维模型本身延伸到了各类工程数据资料与三维模型的融合。通过数模一体关联技术，线路工程建立了单基塔、耐张段、包段、工程等不同层级与设计、施工等环节数据信息的关联融合；变电（换流）站工程建立了设备、间隔、区域、整站等不同层级与设计、施工等环节数据信息的关联融合，支撑三维模型的分级定位和关联信息查询，实现了从"二维列表"到"三维可视"的重要跨越。特高压大数据系统数据融合与三维场景可视化如图 6-55 所示，变电（换流）站工程模型分级及信息展示功能如图 6-56 所示。

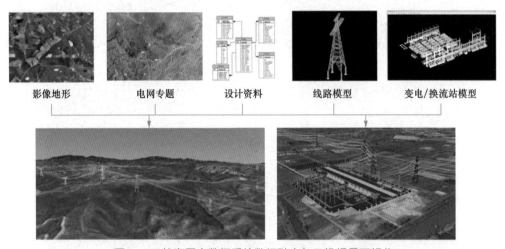

影像地形　　　电网专题　　　设计资料　　　线路模型　　变电/换流站模型

图 6-55　特高压大数据系统数据融合与三维场景可视化

5. 工程数据资料集中式管理

特高压大数据系统归集了地理数据、三维模型、工程资料、科研资料、设备参数、工程指标、技经数据、环水保数据等各方面数据资料（见图 6-57），构建了统一的数据架构，实现了特高压工程建设多阶段、多环节的数据从"分散存储"到"集中管理"。通过对各类工程数据进行融合，将"碎片化、无关联"的数据形成有序的"数据图谱"，有效支撑工程数据的价值挖掘。

特高压大数据系统采用了多种方式对工程数据进行管理：①以工程为维度，按照地理信息数据、三维模型、工程资料、科研资料、设备参数、工程指标、技经数据、环水保数据进行分类管理，可以通过查询工程检索到相应的工程数据，进而再按需求实现更深层的钻取。②以专业为维度，按照地理信息数据、三维模型、文档资料、工程模型对工程数据进行分类管理，同样也可以查询专业数据所属工程的情况。特高压大数据系统工程资料管理与展示功能如图 6-58 所示。

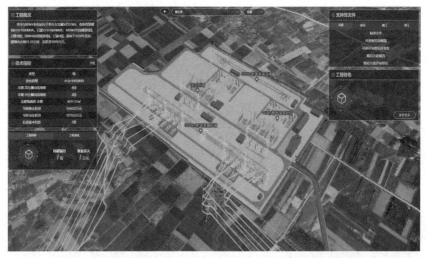

(a) 全站展示

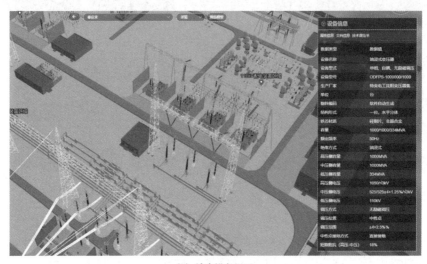

(b) 站内设备展示

图 6-56 变电（换流）站工程模型分级及信息展示功能

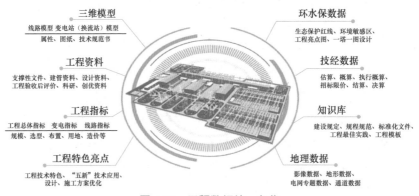

图 6-57 工程数据统一归集

（a）地理信息数据

（b）专题数据

（c）线路模型与属性

（d）站模型与文档资料

（e）工程技术指标

（f）工程特色

图 6-58　特高压大数据系统工程资料管理与展示功能

小结

　　本章首先分析了电网工程大数据管理的需求，明确了对海量电网工程数据进行集中管理，并提出了电网工程大数据平台总体架构。然后以电网工程大数据管理实施路径为脉络，阐述了数据标准化、地理空间信息模型构建及可视化、电网工程信息模型构建及轻量化、BIM+GIS 数据集成、数模一体关联、数据存储与管理等关键步骤。最后，以特高压大数据系统为例，介绍了电网工程大数据管理实践。特高压大数据系统具有全量工程站线一体综合展示、多源多类型数据统一、大体量模型快速加载与渲染、三维模型与工程数据融合、工程数据资料集中式管理等特色成效，为电网工程大数据规范、高效管理，实现数据共享共用树立了典范。

第七章

电网工程 BIM 技术应用发展趋势与展望

未来的电网工程将充分应用数字化技术，以"全过程三维可视化、工作平台一体化、设备设施模块化、现场安装机械化"为发展方向。而 BIM 技术将以实现电网工程数智化转型、推动电网工程高质量发展的主线。未来的电网工程的设计形态将会是"所想即所见"，实现方案快速比选迭代；建设形态将会是"先模拟后安装"，提高施工精准度；设备设施也将实现"工厂化制造，机械化组装"。未来的 BIM 标准体系将更加完备，奠定电网工程全寿命周期数字化成果共享共用基础；未来的 BIM 生态体系将更加健全，丰富的软件产品可以快捷实现各种业务功能；未来的 BIM 技术将和各种新技术融合，推动电网数智化转型，同时为数字中国建设提供强有力的技术支撑。电网工程 BIM 技术应用发展趋势如图 7-1 所示。

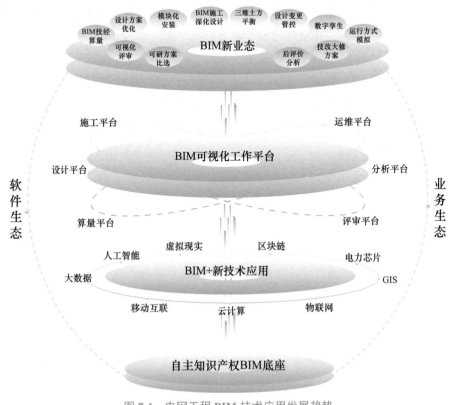

图 7-1　电网工程 BIM 技术应用发展趋势

第一节　构建更加完备的 BIM 标准体系

构建更加完备的 BIM 标准体系对推动电网工程 BIM 技术应用至关重要。目前，国内外的 BIM 标准组织正在积极推动 BIM 标准发展，这些标准不仅为 BIM 技术的应用和发展提供了强大的推动力，还为不同软件间的 BIM 数据交换提供了便利。随着电网工程 BIM 技术的持续发展和深化应用，在各方共同努力下，BIM 标准体系也将不断更新和完善，以适应更多的应用场景和更先进的技术发展。电网工程 BIM 标准体系发展趋势如图 7-2 所示。

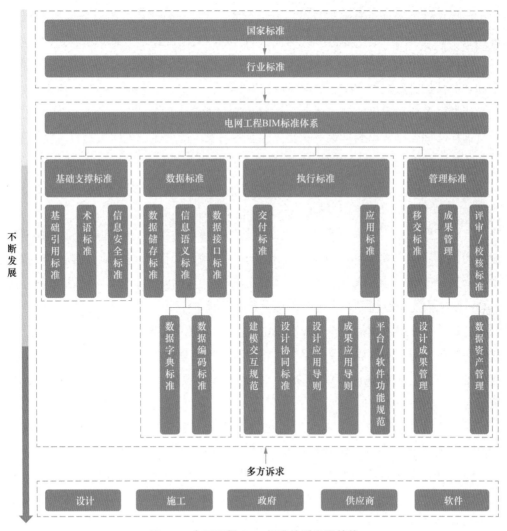

图 7-2　电网工程 BIM 标准体系发展趋势

在 BIM 技术的应用和推广过程中，建立涵盖国家、行业和企业多层次的 BIM 标准体系至关重要。目前，电网工程行业内 BIM 技术水平良莠不齐，投入大于产出的现状迫切需要改变。通过建立多层次的 BIM 标准体系，可以有效地利用标准来引导和规范行业的发展，提高技术水平，降低成本，提高效益，推动电网工程行业 BIM 技术的可持续发展。

电网工程 BIM 标准体系应体现多方诉求。未来，电网工程 BIM 标准体系的构建，将从产业链视角聚焦系统性和连贯性。从项目主要参建方（如业主方、设计方、施工方、政府方），到上下游企业（如材料供应商、构件生产商）等产业链上各利益相关主体，都应该参与到 BIM 标准体系的构建中来。这就鼓励更多的企业积极参与 BIM 技术的研发和应用：按照国家、行业、企业等多层次的 BIM 数据交换需求提高数据互操作性，制订所有参与方可共同遵循的、贯穿电网工程全寿命周期的 BIM 标准体系，促进电网工程产业链多方积极协同合作、共同决策、信息共享、知识共享。

电网工程 BIM 标准体系将随着技术发展和业务升级不断完善。随着科技飞速发展和业务持续升级，电网工程 BIM 标准体系也必须与时俱进。这种进步不仅体现在技术标准的更新和优化上，更体现在 BIM 标准与业务标准的相互融合和协同发展上。只有这样，标准体系才能紧跟不断变化的业务需求，持续促进电网工程数智化转型。

第二节　构建良性电网工程 BIM 生态体系

电网工程 BIM 生态体系跨多个组织机构，各参与方协同合作，融合大量的基础设施和共享资源、软件解决方案、技术服务与应用，如图 7-3 所示。电网工程 BIM 生态体系将改变产业原有的传统生产与应用模式，强调互利共生、资源共享的发展理念，降低沟通与协同成本，进一步提升行业的数字化水平。

打造数字化平台是构建电网工程 BIM 生态体系的基础和关键。电网工程产业链中的各参与方应共同构建数字化平台，将传统工程管理、传统基建融入数字化平台，借助平台＋生态的模式，形成新设计、新建造和新运维，打造规模化数字创新体，带动电网工程整个产业的发展。

更加丰富的软件产品是电网工程 BIM 生态体系的重要组成。电网工程数智化高质量发展需要丰富多彩的软件产品来推动，这些软件产品不仅包括各种 BIM 软件，还应涵盖各种数据分析和优化工具。当前，BIM 技术的发展及其应用正呈现出一种多维度、多样化的态势，可以预见未来在各个不同的细分领域，将有大量工具级的软件产品不断涌现，这些软件产品都是电网工程 BIM 生态体系的重要组成部分。

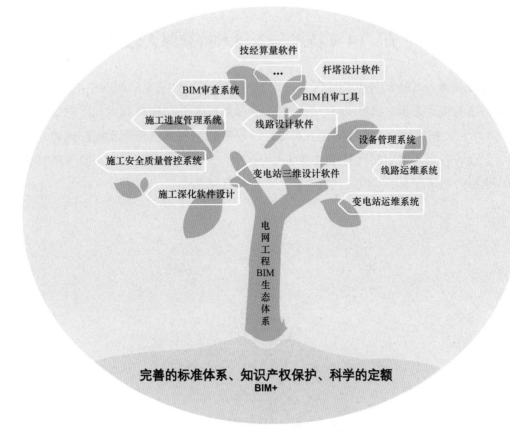

图 7-3　电网工程 BIM 生态体系

注重保护知识产权是构建电网工程 BIM 生态体系的重要一环。在构建电网工程 BIM 生态体系的过程中，不仅要关注技术的进步，还要注重知识产权的保护。只有在尊重和保护知识产权的前提下，才能激发出更多的创新活力，催生出更多优秀的软件，推动整个生态体系的健康发展。因此，保护知识产权是构建电网工程 BIM 生态体系的关键环节，需要各相关方高度重视，积极采取有效的措施严格保护知识产权。

更加科学的定额体系是构建电网工程 BIM 生态体系的保障。为了进一步提高电网工程数字化服务水平，有效破解数字化费用分散使用和数字化应用成效不足等突出问题，需要探索建立以单独招标和专款专用为基础的数字化统筹取费新模式，有效提升数字化全局统筹和重点攻关的成效，更好地引导各参建单位开展数字化工作。工程数字化费用单独计列、集中使用、按劳分配，并适当增加工程三维设计数字化移交费用，可以合理推动电网预规升级和数字体系协同发展，促进电网工程 BIM 生态体系的构建。

第三节　BIM 技术与新技术持续深入融合

BIM 技术与其他新技术持续深入融合，为其发展提供了更广阔的空间。当前，随着科技的快速进步，如物联网、云计算等众多新技术正与 BIM 技术相互融合，如图 7-4 所示，拓展出技术应用的更多可能性，使得 BIM 技术在电网工程的设计、施工、运维等各个环节中发挥着越来越重要的作用。同时，BIM 技术的不断发展和创新，也将为建筑行业以及相关领域带来更多的机遇和挑战。

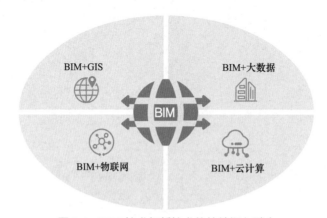

图 7-4　**BIM** 技术与新技术的持续深入融合

BIM+ 物联网。物联网技术的蓬勃发展，为 BIM 技术带来了前所未有的变革。物联网设备可以赋能 BIM 技术实现对电网工程进行实时监控和智能化控制管理、对大量数据进行分析等功能，提高电网工程的安全性和可靠性。同时，BIM+ 物联网实现的监控和管理功能都是远程的，打破了地域限制，提高了管理效率和应用价值。

BIM+ 云计算。云计算为 BIM 技术的深入和扩展应用提供了全新的方法和工具。依托云计算的强大计算能力，BIM 技术应用中复杂且计算量大的工作，例如模型渲染、结构分析、工程量计算等，可以转移到云端。这种方式不仅能够提升计算效率，还能够方便地实现数据共享，使得多方协同变得便捷：项目各参与方可以方便地访问并受控地操作保存在云端虚拟项目环境中的 BIM 模型文档和数据，数据共享和协同工作变得更加高效和安全。协同工作的效果不仅能实现各参与方之间构件级别、设备级别的协作，还能更好地协调和管理项目中的各种要素，从而提高项目的整体质量和效率。

BIM+GIS。GIS 技术独有的空间分析功能与 BIM 技术具有天然的互补关系，BIM+GIS 相辅相成，既延伸了数据的广度，也扩展了数据的深度，并更好地挖掘了数据之间的关联性，从而为电网工程提供更精确、更全面的数据支持，为工程的决策提供了更有力的依据。

BIM+大数据。随着电网工程数智化转型的深入，特别是BIM技术与其他技术的融合应用，电网工程大数据面临数据价值释放、数据安全等更多挑战。电网工程BIM技术应用将以BIM模型为数据集成应用及可视化的载体，以大数据技术为数据管理和数据挖掘的手段，结合AI等技术，提升计算、分析、模拟、评估的自动化程度和智能化水平，赋能电网工程智能决策和智能管理。

BIM技术在电网工程领域的广泛深化应用也带来核心技术"卡脖子"和重要基础设施数据安全问题，迫切需要实现高水平科技自强自立。电网工程，尤其是特高压工程，是国家重大关键基础设施，关乎能源安全乃至国家安全。电网工程数字化成果承载着工程设施设备的重要参数资料，涉及卫星遥感影像、高清航空摄影、数字高程模型等地理数据，以及水源地、路网河流、油气管线等专题数据，如果电网工程数字化成果完全依赖国外BIM软件和平台完成，这些重要数据信息就面临泄漏风险，一旦泄露将对电网安全、国家安全造成重大影响。从以上两个方面看，BIM核心技术必须实现自主可控，才能更好地维护数据安全、保护国家利益。电网工程领域，实现BIM核心技术突破，加强自主科技创新，推广BIM技术国产化应用，是电网工程BIM技术应用的发展趋势。

第四节　BIM技术推动电网工程数智化转型

随着全球信息化进程的加速，大数据、人工智能、GIS、数字孪生、虚拟现实、5G等新兴技术正以不可阻挡的势头发展。这些新兴技术与BIM技术融合，为电网数智化转型和新型电力系统建设提供了坚实的技术基础，进而推动新型电力系统与新型能源体系紧密地嵌入数字中国版图，如图7-5所示。

图 7-5　BIM 技术推动数字中国建设

构建基于BIM技术的数字孪生电网，是推动电网数智化转型的重要举措。构建新型电力系统是推动国家能源安全新战略落实的重要举措，能够促进能源结构转型发展，是实现"双碳"目标的必经之路。新型电力系统强调数字技术进步与用户需求驱动变革，以建设多样互动的用电体系为目标，推动"源网荷储"的互动融合和关键技术应用。基于 BIM 技术的数字孪生电网，可以支撑电网状态的全息感知、设备的智能巡检和运维的智慧决策，是推动新型电力系统建设的强大助力。

构建基于 BIM 技术的智慧能源数字基座，是电网数智化转型的重要方向。智慧能源是以数字化和智慧化的能源生产、储存、供应、消费和服务等环节为主线，"比特"与"瓦特"无缝衔接，实现"电、热、冷、气、水、氢"协同供应和互动优化，并面向终端用户提供能源一体化服务的产业。BIM 技术是构建智慧能源数字基座的核心。BIM 技术与物联网、无线通信等技术结合，可以实现能源物联网数据可视化、建筑能源消耗优化管理、能源设备实时监控等功能，大大增强对能源系统的感知和控制能力。BIM 技术还可以为综合用能分析仿真模型提供支撑，实现对空间布置，能源流动，光热分布等进行有效表达，从而提供更加科学的用能策略。

基于 BIM 技术的电网数智化转型，是数字中国建设的重要组成部分。各行业各部门的数字化是数字中国的基础，按照《数字中国建设整体布局规划》，能源行业是数字技术创新应用的重点领域，电网数字化是能源行业转型升级的重要抓手。推动以 BIM 技术为基础的电网数智化转型，集中打通电网工程全寿命周期上下游产业数据集群，促进数据要素价值释放，共筑基础数据互通大底层，服务智慧建造发展和智慧城市建设；推动数字技术和实体经济深度融合，赋能数字经济，为其他行业提供示范引领，是数字中国战略在电网领域的落实落地。

参考文献

[1] East, William E. An Overview of the U. S. National building Information Model Standard（NBIMS）[C]//International Workshop on Computing in Civil Engineering. 2007：59-66.

[2] 保罗·希尔科克，曹春莉. 最新 BIM 国际标准—— ISO 19650 标准简介 [J]. 土木建筑工程信息技术，2019，11（3）：134-138.

[3] 国家电网有限公司. 新型电力系统数字技术支撑体系白皮书 [R]. 北京，2022.

[4] 国家电网公司基建部. 输电线路全过程机械化施工技术 [M]. 北京：中国电力出版社，2015.

[5] 国家电网公司交流建设分公司. 架空输电线路施工工艺通用技术手册 [M]. 北京：中国电力出版社，2019.

[6] 国家电网有限公司基建部. 国家电网有限公司输变电工程标准工艺 [M]. 北京：中国电力出版社，2022.

[7] 国家电网有限公司基建部. 输变电工程机械化施工技术 变电工程分册 [M]. 北京：中国电力出版社，2023.

[8] 韩文军，余春生. 面向输变电工程数据存储管理的分布式数据存储架构 [J]. 沈阳工业大学学报，2019，41（04）：366-371.

[9] 何关培. 实现 BIM 价值的三大支柱—— IFC/IDM/IFD[J]. 土木建筑工程信息技术，2011（01）：108-116.

[10] 李奥蕾，秦旋. 国内外 BIM 标准发展研究 [J]. 工程建设标准化，2017（06）：48-54.

[11] 李博之. 高压架空输电线路架线施工计算原理 [M]. 2 版. 北京：中国电力出版社，2008.

[12] 李金保，刘晓蒙，叶青. 三维数字化设计在变电站建设中的管理应用研究 [J]. 中国管理信息化，2019，22（18）：82-83.

[13] 李青芯，贺瑞，程翀. 电网三维数字化设计技术探讨及展望 [J]. 电力勘测设计，2020（S1）：1-6.

[14] 李庆林. 架空送电线路跨越放线施工工艺设计手册 [M]. 北京：中国电力出版社，2011.

[15] 李思浩，孙建龙，周洪伟，等. 变电工程数字化三维设计的深入应用研究 [J]. 电气技术，2018，19（03）：103-108.

[16] 李欣哲，乐天达，童文华，等. 基于 BIM 技术的输电线路电缆工程三维设计研究 [J]. 工程技术研究，2022，7（20）：173-175.

[17] 李艳丽. 浅析基于 WebGL 的 BIM 数据网络三维可视化 [J]. 计算机科学与应用，2021，11（1）：7.

[18] 李长春，何荣，王宝山 . LOD 在大范围复杂场景简化中的应用 [J]. 河南理工大学学报（自然科学版），2007，（02）：181-186.

[19] 陈敬德，盛戈皞，吴继健，等 . 大数据技术在智能电网中的应用现状及展望 [J]. 高压电器，2018，54（01）：35-43.

[20] 刘菠，叶建，周晓帆，等 . 基于 Revit 的企业 BIM 建模标准研究 [J]. 建筑结构，2022，52（S2）：1756-1760.

[21] 刘曹宇 . 基于 Autodesk 及 Bentley 平台的地铁区间 BIM 技术应用研究 [J]. 铁道工程学报，2019，36（06）：91-96.

[22] 刘义勤，郭戈，刘贺江，等 . BIM 技术在京张高铁电力和电气化工程施工中的应用 [J]. 铁路技术创新，2020（01）：102-105.

[23] 黄秋亮 . 基于 BIM-5D 理念的施工资源动态统计方法研究 [J]. 施工技术，2019（S01）：4.DOI：CNKI：SUN：SGJS.0.2019-S1-083.

[24] 卢春峰，黄怡萍 . 基于 BIM 技术的审查模式探索 [J]. 重庆建筑，2017，16（2）：3.

[25] 马洪成，钱建国，杨戈 . 基于 Cesium 的三维电网 WebGIS 开发与实现 [J]. 测绘与空间地理信息，2018，41（11）：73-76.

[26] 王娜 . 英国政府的 BIM 战略：施工运营建筑信息交换（COBie）及其他 [J]. 土木建筑工程信息技术，2015（1）：3.

[27] 彭博，李锦川，张育臣，等 . 基于三维设计成果的电网基建工程数字化管理模式的研究 [J]. 工程管理学报，2021，35（03）：94-99.

[28] 齐立忠，荣经国，武宏波，等 . 电网工程数字孪生关键技术及应用 . 电力建设，2021 年，第 42 卷第 S1 期：80-84.

[29] 齐立忠，张苏，张亚平，等 . 基于 GIM 模型的输电线路通道隐患快速检测 [J]. 电力建设，2023（01）.

[30] 清华大学 BIM 课题组 . 中国 BIM 标准架体系研究 [M]. 北京：中国建筑工业出版社，2011.

[31] 任建蓉，廖小君 . 实用的输电线路设计软件研究 [J]. 中国电力教育，2014，33：193-195.

[32] 任培祥，侯小波，郭雁，等 . 电网三维模型简化与渲染优化方法研究 [J]. 电力勘测设计，2015（2）：4.

[33] 荣嵘，吕征宇，高振婷，等 . 基于欧特克建筑信息模型技术的变电站钢结构节点建模技术 [J]. 电力与能源，2023，44（01）：38-43.

[34] 深圳市地铁集团有限公司 . 轨道交通工程建设 -BIM 应用实践探索与研究 [M]. 北京：中国铁道出版社有限公司，2021.

[35] 盛大凯，郗鑫，胡君慧，等 . 研发电网信息模型（GIM）技术，构建智能电网信息共享平台 [J]. 电力建设，2013，34（08）：1-5.

[36] 盛大凯. 输变电工程数字化设计技术 [M]. 北京：中国电力出版社，2014.

[37] 施博文，许红胜，颜东煌，等. BIM 正向设计中建模与分析软件间信息传递研究 [J]. 公路与汽运，2023（03）：136-140.

[38] 数字建造与生态发展编委会. 数字建造与生态发展 [M]. 北京：中国建筑工业出版社，2023.

[39] 孙慧，封博卿，魏小娟，等. BIM+GIS 技术在京张高铁建维一体化管理中的应用 [J]. 中国铁路，2022（07）：96-101.

[40] 孙连山，李健. 软件生态系统初探：概念解析及生命周期模型 [J]. 陕西科技大学学报（自然科学版），2011，29（03）：96-98.

[41] 唐占元，安之焕，高健，等. 三维数字化设计平台在输电线路工程中的运用 [J]. 青海电力，2020，39（04）：65-68.

[42] 陶刚. 基于 GIM 的架空输电线路三维模型构建方法研究 [J]. 电力勘测设计，2021（07）：63-70.

[43] 王宝令，陈娜，吕贺. BIM 技术在我国建筑行业的应用及发展前景 [J]. 沈阳建筑大学学报（社会科学版），2018，20（05）：470-475.

[44] 王佳晖，刘学贤. BIM 主流建筑设计软件平台的应用对比 [J]. 城市建筑，2022，19（17）：138-141+158.

[45] 王凯. 国外 BIM 标准研究 [J]. 土木建筑工程信息技术，2013（01）：6-16.

[46] 王美华，高路，侯羽中，等. 国内主流 BIM 软件特性的应用与比较分析 [J]. 土木建筑工程信息技术，2017，9（01）：69-75.

[47] 王爽. 浅谈 BIM 技术的发展历程及其工程应用 [J]. 城市建设理论研究（电子版），2017（28）：128.

[48] 王伟. 三维数字化技术在变电站设计中的应用 [J]. 电力勘测设计，2018（S2）：82-87.

[49] 王向上，李春林，徐鲲，等. 基于 GIM 的三维设计成果全过程处理关键技术研究 [J]. 科学技术创新，2022（01）.

[50] 韦波，蒋晓东，弓国军. 基于 BIM 技术的电力设备信息轻量化展示系统设计 [J]. 工业加热，2022，51（12）：66-70.

[51] 吴佩玲，董锦坤，杨晓林. BIM 技术在国内外发展现状综述 [J]. 辽宁工业大学学报（自然科学版），2023，43（01）：37-41.

[52] 谢宏全，侯坤. 地面三维激光扫描技术与工程应用 [M]. 武汉：武汉大学出版社，2013.

[53] 熊静，李思浩. 基于三维设计的变电站高压电气距离动态校验方法 [J]. 微型电脑应用，2022，38（05）：203-205.

[54] 许方荣，齐立忠，荣经国，等. 特高压数字电网建设及应用研究. 电力建设，2021，第 43 卷第 S2 期：131-137.

[55] 许利峰 . 政策引导推动我国 BIM 技术健康发展 [J]. 建设科技，2019（16）：7-8.

[56] 许利彤，崔言继，亓祥成 . 基于 Autodesk 平台的三维工程路线建构及精度研究 [J]. 隧道建设（中英文），2021，41（06）：964-971.

[57] 杨德磊 . 国外 BIM 应用现状综述 [J]. 土木建筑工程信息技术，2013，5（06）：89-94+100.

[58] 杨继业，李健，王春生，等 . 三维数字化智能化技术在输变电工程设计中的深化研究 [J]. 电网与清洁能源，2018，34（05）：13-18+24.

[59] 杨震卿，曾勃，宋萍萍 . 北京城市副中心 BIM+ 智慧建造标准体系建立 [J]. 建筑技术，2018，49（09）：987-990.

[60] 张淼，王荣，任霏霏 . 英国 BIM 应用标准及实施政策研究 [J]. 工程建设标准化，2017（12）：64-71.

[61] 张人友，王珺 .BIM 核心建模软件概述 [J]. 工业建筑，2012，42（S1）：66-73.

[62] 张瑞永，林致添 . 输电线路三维可视化辅助设计系统的研究 [J]. 电力勘测设计，2021，01：71-76.

[63] 章剑光，陈晓宇，朱松涛，等 . 基于 GIM 模型的智能变电站二次回路三维可视化系统设计 [J]. 电力系统保护与控制，2022，50（19）：179-186.

[64] 中国建筑学会 . BIM 应用发展报告 [R]. 北京：中国建筑工业出版社，2020.

[65] 周玉科 . 基于 B/S 的室内地图信息系统研发 [J]. 测绘与空间地理信息，2019，42（10）：7-10+18.

[66] 邹帅 .BIM 数字化交付平台在工程可行性研究阶段的应用 [J]. 土木建筑工程信息技术，2021，13（04）：74-79.

[67] 杨太华，陈骐 . BIM 技术及其在 220kV 变电站施工中的应用 [J]. 上海电力学院学报，2016，32（2）：193-198.

[68] 张靓 . 北京中心城区 110kV 地下变电站的建设 [J]. 供用电，2007，24（6）：53-62.

[69] 何菊，覃杨 . BIM 在电力工程施工管理中的应用研究 [J]. 科技与企业，2015，（02）：63+65.

[70] 中国建设工程造价管理协会 . 建设工程造价管理理论与实务（2019 年版）[M]. 北京：中国计划出版社，2019.